BEI GRIN MACHT SICH IHR WISSEN BEZAHLT

- Wir veröffentlichen Ihre Hausarbeit,
  Bachelor- und Masterarbeit

- Ihr eigenes eBook und Buch -
  weltweit in allen wichtigen Shops

- Verdienen Sie an jedem Verkauf

Jetzt bei www.GRIN.com hochladen
und kostenlos publizieren

Bibliografische Information der Deutschen Nationalbibliothek:

Die Deutsche Bibliothek verzeichnet diese Publikation in der Deutschen National-
bibliografie; detaillierte bibliografische Daten sind im Internet über http://dnb.d-
nb.de/ abrufbar.

Impressum:

Copyright © 2014 GRIN Verlag, Open Publishing GmbH
Druck und Bindung: Books on Demand GmbH, Norderstedt Germany
ISBN: 978-3-668-05823-1

Dieses Buch bei GRIN:

http://www.grin.com/de/e-book/307201/die-stunde-null-aufgreifen-von-vorkennt-
nissen-in-den-ersten-mathematischen

Vanessa Schmidt

Die Stunde Null? Aufgreifen von Vorkenntnissen in den ersten mathematischen Lernsituationen

GRIN Verlag

GRIN - Your knowledge has value

Der GRIN Verlag publiziert seit 1998 wissenschaftliche Arbeiten von Studenten, Hochschullehrern und anderen Akademikern als eBook und gedrucktes Buch. Die Verlagswebsite www.grin.com ist die ideale Plattform zur Veröffentlichung von Hausarbeiten, Abschlussarbeiten, wissenschaftlichen Aufsätzen, Dissertationen und Fachbüchern.

Besuchen Sie uns im Internet:

http://www.grin.com/

http://www.facebook.com/grincom

http://www.twitter.com/grin_com

Wissenschaftliche Hausarbeit im Rahmen der Ersten Staatsprüfung für das
Lehramt an Grundschulen
im Fach Mathematik
eingereicht dem Landesschulamt - Prüfungsstelle Gießen

Thema:

Die Stunde Null?

- Aufgreifen von Vorkenntnissen in den ersten mathematischen

Lernsituationen -

Verfasserin: Vanessa Schmidt

Inhaltsverzeichnis

1 Einleitung

„Ohne mathematisches Grundverständnis ist eine Orientierung im Alltag nicht möglich." (HSM & HKM 2012, S. 75). Dieses Zitat aus dem Bildungs- und Erziehungsplan für Kinder von 0 bis 10 Jahren in Hessen macht den hohen Stellenwert der Mathematik für das Leben deutlich. Lehrerinnen und Lehrer haben die verantwortungsvolle Aufgabe, den Kindern die Mathematik näherzubringen und vor allem den Spaß daran bei den Kindern zu wecken.

Gerade die erste Klasse ist etwas Besonderes. Für die Schülerinnen und Schüler beginnen ein neuer Lebensabschnitt und eine aufregende Zeit. Die Lehrerinnen und Lehrer müssen sich auf ihre neue Klasse einstellen. Sie kennen ihre Schülerinnen und Schüler noch nicht und wissen nicht oder nur begrenzt durch einen Schulfähigkeitstest, welche Kenntnisse und Fähigkeiten die Schülerinnen und Schüler mitbringen. Vor allem aus diesem Grund sollten Lehrerinnen und Lehrer wissen, was unter anderem in dem Kindergarten geleistet und von den Kindern bereits an Wissen erworben wird.

Im Rahmen eines Praktikums habe ich viele Unterrichtsstunden in einer ersten Klasse hospitieren und auch selbst unterrichten können. Vor allem bei den eigenen Unterrichtsstunden forderte die hohe Heterogenität der Kinder meine volle Aufmerksamkeit. Einige Schülerinnen und Schüler waren mit einer Aufgabe bereits fertig, während andere Schülerinnen und Schüler immer noch mit dem Suchen des Bleistiftes beschäftigt waren. In diesem Zusammenhang stellte ich mir die Fragen, wie ein Unterricht aufgebaut sein muss, um dieser Heterogenität gerecht zu werden und wie dabei die mathematischen Kenntnisse der einzelnen Kinder beachtet werden können. Kann es solch einen idealen Unterricht überhaupt geben?

Gelingt es der Lehrperson nicht, jede Schülerin/jeden Schüler genau dort abzuholen wo sie/er steht, kommt es zwangsläufig zur Über- oder Unterforderung der Schülerinnen und Schüler und kann somit zur Demotivation führen. Dies wäre jedoch fatal, da wie eingangs zitiert, die Mathematik einen besonderen Stellenwert für das Leben hat.

In dieser Arbeit wird daher die Frage behandelt:

‚Inwieweit werden mathematische Kenntnisse und Fähigkeiten von Schülerinnen und Schülern in dem Mathematikunterricht in den ersten Schulwochen aufgegriffen?'

Diese Frage soll anhand eines Vergleichs der Forderungen in der Literatur und der Praxis beantwortet werden. Die Praxis wird hierbei durch eine Einzelfallstudie repräsentiert.

Es folgt zunächst ein literaturgestützter Teil. Zuerst sollen in dem Kapitel ‚‚Vor' der Schule' die Möglichkeiten aufgezeigt werden, die Kinder von Geburt bis zur Einschulung bezüglich mathematischer Erfahrungen machen können. Der Blick auf die Entwicklung des kindlich mathematischen Verständnisses soll hierbei als Grundlage für die weiteren Ausführungen dienen. Anschließend werden die Einflüsse der Familie auf das Kind und vor allem in Bezug auf deren mathematischen Erfahrungen erläutert. Der Grund aus dem der Kindergarten erst nach dem System der Familie thematisiert wird, ist, dass Kinder bereits vor dem Kindergarten mathematische Erfahrungen in ihren Familien sammeln (können). Im Zuge der Darstellung des Kindergartens werden dessen Aufgaben definiert und anschließend an einem mathematischen Praxisbeispiel ‚Die Reise ins Zahlenland' verdeutlicht. Abschließend werden die Kenntnisse der Kinder am Ende der Kindergartenzeit erörtert. Das darauffolgende Kapitel befasst sich mit dem Übergang vom Kindergarten zur Grundschule. Es werden die Gestaltung dessen und die damit in Verbindung stehenden Schulfähigkeitstests dargestellt. Als letztes Kapitel des literaturgestützten Teils der Arbeit wird die Schule und im Rahmen dessen der Anfangsunterricht vorgestellt. Zunächst wird der gesetzliche Rahmen des Anfangsunterrichts in den Bildungsstandards erörtert. Ferner werden Erkenntnisse aus Studien bezüglich der Erwartungen der Lehrerinnen und Lehrern von Schulanfängerinnen und Schulanfängern dargestellt. In dem Unterkapitel ‚Didaktische Gestaltung' geht es um die Möglichkeiten zur Erfüllung der Anforderungen an den Anfangsunterricht. Abschließend werden zwei Themenbereiche des Mathematikunterrichts genauer hinsichtlich des Inhalts, der Didaktik und Methodik beleuchtet. Es handelt sich hierbei um die Arithmetik und die Geometrie.

In dem zweiten Teil der vorliegenden Arbeit geht es um die bereits angekündigte Einzelfallstudie. Zunächst werden die Rahmenbedingungen und das Design der

Forschung vorgestellt. Anschließend folgen die Beobachtungsprotokolle und deren Interpretationen.

In dem abschließenden Fazit werden die Erfahrungen aus der Einzelfallstudie mit den Erkenntnissen der Literaturrecherche verglichen. Ziel dabei ist es, eine Antwort auf die bereits vorgestellte Arbeitsfrage zu finden. Diesbezüglich ist zu klären, welche Anforderungen und Erwartungen an die Lehrerinnen und Lehrer bezüglich des Anfangsunterrichts gestellt werden. Die Möglichkeiten aber auch Grenzen dieser Forderungen sollen anhand des Fallbeispiels diskutiert werden.

2 ‚Vor' der Schule

„Wesentliche Voraussetzungen für mathematisches Denken, wie die Entwicklung des Zahlbegriffs, bestehen bereits im Kleinkindalter." (Rademacher u.a. 2009, S. 10). Daher ist es in dieser Arbeit von zentraler Bedeutung, zunächst den vorschulischen Bereich darzustellen. Anhand dessen kann analysiert werden, welche Kenntnisse bereits in der Familie und dem Kindergarten erworben werden und welche Voraussetzungen somit für die Schule gelegt werden (müssen).

Der Vorschulbereich wird in diesem Sinne sehr weit gefasst. Das Kind und dessen Entwicklung werden von der Geburt bis zur Einschulung im Zusammenhang mit der Familie und dem Kindergarten betrachtet.

Die im Folgenden angegebenen Altersstufen der Entwicklung sind nur grobe Richtlinien und nicht als feststehend zu begreifen.

2.1 Entwicklung des kindlich mathematischen Verständnisses

Es wird auf Grund einiger Versuche vermutet, dass eine gewisse Sensibilität für Quantitäten angeboren ist (Vgl. ebd. S. 10). Säuglinge fixieren eine Abbildung von drei Objekten länger als eine Abbildung von zwei Objekten. Es lässt sich daraus schließen, dass bereits Säuglinge ein gewisses Mengenbewusstsein besitzen (Vgl. Hasemann & Gasteiger 2014, S. 2f.). Dieses Bewusstsein ist jedoch zunächst sehr begrenzt, da Säuglinge nur Mengen bis zu vier Objekte vergleichen können. Bei größeren Mengen muss eine deutliche Differenz vorliegen, damit sie den Unterschied erkennen (Vgl. Rademacher u.a. 2009, S. 10; Hasemann & Gasteiger 2014, S. 2).

Des Weiteren wurde eine deutliche Additionshandlung vor den Augen von Säuglingen vorgeführt. Die Fixierdauer war bedeutend länger, wenn ihnen als Ergebnis eine falsche Anzahl präsentiert wurde. Somit kann ebenfalls ein Bewusstsein für Mengenveränderungen angenommen werden (Vgl. Hasemann & Gasteiger 2014, S. 2f.). Es ist fraglich, ob dieses Bewusstsein als arithmetische Fähigkeit gezählt werden kann. Hasemann & Gasteiger formulieren es daher eher offen und gehen davon aus, dass es für Säuglinge bei solchen Additionshandlungen „erwartete und unerwartete Ergebnisse gibt" (ebd. S. 3).

Die Ergebnisse der Beobachtungen können als Ausgangspunkt für mathematisches Lernen gedeutet werden (Vgl. ebd.). Dehaene bezeichnet dieses Bewusstsein als „Zahlensinn" (Dehaene 1999, S. 14f.).

Der Zahlbegriff ist nach Hasemann & Gasteiger „ein solides, anschlussfähiges Grundverständnis von Zahlen" (Hasemann & Gasteiger 2014, S. 3), welches in diesem Alter noch nicht vollständig erworben ist. Vielmehr benötigt es weitere Erfahrungen mit verschiedenen Repräsentationen von Zahlen (Vgl. ebd.). Bis in die 80er-Jahre ist die Vorstellung der Entwicklung des kindlich mathematischen Denkens hauptsächlich von Piaget geprägt worden (Vgl. Schipper 2011, S. 69). Aufgrund einiger Kritikpunkte an seinem Ansatz zur Entwicklung des Zahlbegriffs, wird in der vorliegenden Arbeit sein Ansatz nicht erläutert, sondern ausschließlich Bezüge zu den von ihm geprägten Begriffen in den aktuellen Ansätzen hergestellt (Vgl. Hasemann & Gasteiger 2014, S. 12-17). Zwei zentrale Begriffe, welche in den folgenden vorgestellten Ansätzen nicht enthalten sind, jedoch bis heute noch prägen, sind die Klassifikation und die Seriation. Die Klassifikation ist das Sortieren von Objekten nach bestimmten Merkmalen. Werden die Objekte aufgrund bestimmter Merkmale in eine Reihenfolge gebracht, so handelt es sich um eine Seriation (Vgl. Padberg & Benz 2011, S. 5f.).

Kinder werden von Geburt an mit Zahlen und Zahlworten konfrontiert. Der konkrete Erwerb der Zahlwortreihe beginnt mit zwei Jahren. Die Kinder verbalisieren und verwenden nun selbst Zahlworte. Meist wird die Zahlwortreihe mit drei Jahren als eine Art Gedicht beherrscht, da sie zum Beispiel als Abzählreime in Spielsituationen gelernt und angewandt werden (Vgl. ebd. S. 8).

Für den Erwerb der Zählkompetenz werden verschiedene Teilkompetenzen benötigt, welche Kruckenberg erkannt und Gelman und Gallistel daraufhin als Zählprinzipien formuliert haben (Vgl. Hasemann & Gasteiger 2014, S. 19).

Das erste Prinzip ist das Eindeutigkeitsprinzip. Es besagt, dass jedem zu zählenden Objekt genau ein Zahlwort zuzuordnen ist. Andernfalls wird die Anzahl der zu zählenden Menge falsch bestimmt (Vgl. Hasemann & Gasteiger 2014, S. 19). Es wird von einer Eins-zu-Eins-Zuordnung gesprochen, welcher bei Piaget ebenfalls eine

7

besondere Bedeutung zukam (Vgl. Padberg & Benz 2011, S. 5). „Diese Zuordnung von Mengen, Ziffern und Zahlenwort wird in der Fachsprache ‚intermodale Zuordnung' genannt." (Friedrich & Bordihn 2008, S. 17).

Es folgt das Prinzip der stabilen Ordnung. Um die Anzahl der Menge richtig bestimmen zu können, muss die feste Ordnung der Zahlwortreihe beachtet werden. Das zuletzt genannte Zahlwort gibt die Anzahl der abgezählten Menge an. Dies ist das Kardinalzahlprinzip (Vgl. Padberg & Benz 2011, S. 9).

Diese drei ersten Prinzipien beschreiben, „wie gezählt wird" (Hasemann & Gasteiger 2014, S. 19). Das Beherrschen dieser drei Prinzipien fasst Hasemann als ‚resultatives Zählen' zusammen (Vgl. ebd. S. 23).

Das vierte Prinzip ist das Abstraktionsprinzip. Es besagt, dass die oben aufgeführten Prinzipien auf jedes beliebige Objekt zum Zählen angewandt werden können. Unabhängig von der Anordnung der Objekte der zu zählenden Menge, ist das Zählergebnis. Dies besagt das Prinzip der Irrelevanz der Anordnung (Vgl. Padberg & Benz 2011, S. 9). Piaget beschreibt diese gleichbleibende Anzahl unabhängig von der Anordnung als Invarianz von Mengen (Vgl. ebd. S. 5).

Diese zwei letzten Prinzipien beschreiben, „was gezählt werden kann" (Hasemann & Gasteiger 2014, S. 19).

Generell sind diese fünf Prinzipien als vernetzte Teilkompetenzen zu verstehen (Vgl. ebd. S. 19f.). Die ersten drei Prinzipien werden von Kindern ab einem Alter von zweieinhalb Jahren unbewusst benutzt. Die Gesamtheit der Prinzipien wird den Kindern im Alter zwischen vier und sechs Jahren bewusst. Sie sind somit nicht angeboren, sondern werden im Verlauf eines längeren Lernprozesses erworben (Vgl. Padberg & Benz 2011, S. 9f.).

Es existieren noch weitere Konventionen für das Abzählen einer Menge (beispielsweise die Objekte von links nach rechts abzuzählen). Diese können bei der Anzahlbestimmung hilfreich sein, jedoch sind sie nicht zwangsläufig anzuwenden (Vgl. ebd. S. 10).

Der Erwerb der Zählkompetenz setzt die Kenntnis der Zahlwortreihe voraus. Im Laufe des Erwerbs der Zahlwortreihe wird der Einsatz der Reihe zunehmend differenzierter und kann somit durch verschiedene Entwicklungsstufen beschrieben werden (Vgl. Padberg & Benz 2011, S.10; Hasemann & Gasteiger 2014, S. 22). Das nun vorgestellte

Modell ist ursprünglich von Fuson. Die deutschen Namen der Stufen sind von Moser Opitz (Vgl. Hasemann & Gasteiger 2014, S. 22).

Die erste Stufe ist die ,Ganzheitsauffassung der Zahlwortreihe'. Die Kleinkinder lernen die Zahlwortreihe, wie oben schon erläutert, als eine Art Gedicht und erkennen die einzelnen Zahlworte innerhalb der Sprachmelodie nicht. Außerdem fehlt ihnen das Verständnis dafür, dass Zahlworte Mengen beschreiben (Vgl. Moser Opitz 2008, S. 86). Zusammengefasst bedeutet es, dass Kinder in dieser Stufe noch keine Anzahl bestimmen können. Hasemann bezeichnet das Zählen auf dieser Stufe als ,verbales Zählen' (Vgl. Hasemann & Gasteiger 2014, S. 22f.).

Hieran schließt sich die Stufe der ,Unflexiblen Zahlwortreihe' an. Die Kinder können nun die Zahlwörter voneinander trennen und somit Eins-zu-Eins-Zuordnungen herstellen und Anzahlen bestimmen (Vgl. Moser Opitz 2008, S. 86). Hasemann nimmt an dieser Stelle eine weitere Differenzierung bezüglich des Gelingens der Eins-zu-Eins-Zuordnung vor. Während des Übergangs der zwei Stufen misslingt den Kindern teilweise die Eins-zu-Eins-Zuordnung. Hasemann spricht bei dem Misslingen von einem ,asynchronen Zählen'. Das ,synchrone Zählen' ist gegeben, wenn die Eins-zu-Eins-Zuordnung stimmt (Vgl. Hasemann & Gasteiger 2014, S. 23).

Kleine Mengen können bereits auf dieser Stufe simultan erfasst werden. Die simultane Zahlauffassung[1] ist ein Ermitteln der Anzahl durch reines Hinsehen ohne die Zahlwortreihe anzuwenden. Kinder können Mengen bis zu fünf Objekten simultan erfassen. Erwachsenen ist dies maximal bis zu sechs Objekten möglich. Größere Mengen können nur durch eine Kombination von Strategien ermittelt werden. Es wird dann von der ,quasi-simultanen Zahlauffassung' gesprochen (Vgl. ebd. S. 17f.).

Des Weiteren können die Kinder auf dieser Stufe (Unflexible Zahlwortreihe) die Zahlwortreihe nicht von einer beliebigen Zahl aus starten, sondern müssen bei dem Zählen immer bei Eins beginnen. Dies ändert sich in der anschließenden Stufe ,teilweise flexible Zahlwortreihe'. Nun können sie von jeder beliebigen Zahl aus die Zahlwortreihe fortsetzen und die direkten Nachbarn einer Zahl benennen. Außerdem können sie nun Rückwärtszählen (Vgl. Moser Opitz 2008, S. 86).

---

[1] Simultane Zahlauffassung wird auch ,Subitizing' genannt.

9

‚Flexible Zahlwortreihe' lautet die nächste Stufe. Die Kinder können die Zahlwortreihe von einer beliebigen Zahl aus mit einer angegebenen Anzahl an Schritten fortsetzen. Das ist eine grundlegende Fähigkeit für das zählende Rechnen (Vgl. Moser Opitz 2008, S. 86; Hasemann & Gasteiger 2014, S. 22).

Die letzte Stufe ist die ‚vollständig reversible Zahlwortreihe'. Die Kinder beherrschen die Zahlwortreihe, wie es der Stufenname bereits sagt, vollständig. Sie können in beide Richtungen die Reihe fortsetzen und erhalten dadurch Einblicke in Zusammenhänge zwischen Addition und Subtraktion (Vgl. Moser Opitz 2008, S. 87; Hasemann & Gasteiger 2014, S. 22).

Generell ist zu dem Erwerb der Zahlwortreihe zu sagen, dass während des Erwerbs meist die ersten Zahlen der Reihe in der richtigen Reihenfolge genannt und daran anschließend beliebige Zahlwörter angeschlossen werden, welche von Mal zu Mal variieren. Die Zahlwortreihe bis zwanzig muss gut verstanden sein, sodass das Herleiten der anschließenden Zahlen auf Grund der dekadischen Analogie möglich wird (Vgl. Hasemann & Gasteiger 2014, S. 22f.). Kinder erkennen diese Bildungsbeziehungen im Alter zwischen viereinhalb und sechseinhalb Jahren (Vgl. Padberg & Benz 2011, S. 8). Die Erkenntnis der Beziehungen kann jedoch zu Fehlern bei den Zahlenworten ab einhundert führen. Viele Kinder übernehmen die Bildungsbeziehungen der kleineren Zahlen und zählen somit ‚ein-und-hundert, zwei-und-hundert, …' oder aber lassen das ‚und' weg und zählen ‚einhundert, zweihundert, …'. Letztere gebildete Zahlen haben sie zudem schon öfters im Alltag gehört, was ihnen bei dem Bilden der Zahlworte ein sicheres Gefühl vermittelt (Vgl. Selter 2008, S. 37). Der soziale Kontakt und sprachliche Kontext ist, wie hier ersichtlich wird, für die Entwicklung von großer Bedeutung (Vgl. Hasemann & Gasteiger 2014, S. 23).

Darüber hinaus erleben Kinder im Alltag auf Grund ihrer sozialen Kontakte und ihres sprachlichen Umfelds einen vielfältigen Einsatz von Zahlen. Sie werden mit den verschiedenen Bedeutungen von Zahlen, den sogenannten Zahlaspekten konfrontiert (Vgl. Padberg & Benz 2011, S. 13).

Beschreibt eine Zahl die Anzahl einer Menge, wird von dem Kardinalzahlaspekt gesprochen. Der Ordinalzahlaspekt wird unterteilt in die Ordnungszahl, welche einen Rangplatz benennt (z.B. erster, zweiter,…) und die Zählzahl, welche die Position in einer Reihenfolge definiert (z.B. eine Startnummer bei einem Lauf) (Vgl. ebd. S. 14).

Steht eine Zahl in direkter Verbindung mit einer Größeneinheit, so beschreibt die Zahl eine Größe. Dieser Aspekt ist der Maßzahlaspekt. Bei dem Operatoraspekt wird die Wiederholungsanzahl eines Vorgangs oder einer Handlung beschrieben (Vgl. ebd.). Wenn Zahlen zum Rechnen benutzt werden, wird von dem Rechenzahlaspekt gesprochen. Hierbei wird der algorithmische Aspekt, wenn Zahlen ziffernweise nach bestimmten Handlungsanweisungen zum Beispiel addiert werden, von dem algebraischen Aspekt, wenn bei der Rechnung bestimmte algebraische Gesetzte angewandt werden, unterschieden (Vgl. ebd.). Kennzeichnen Zahlen Objekte, sodass diese mit Hilfe der Zahl unterschieden werden können, wird von dem Codierungsaspekt gesprochen (Vgl. ebd.).

Diese Zahlaspekte sind nicht isoliert zu betrachten. Zwar lernen Kinder diese zunächst isoliert kennen, jedoch werden ihnen die Zusammenhänge der Aspekte in der Grundschule immer mehr bewusst. Auf diese Weise erhalten sie nach Padberg & Benz einen „umfassenden Zahlbegriff, der die verschiedenen Aspekte integriert" (ebd. S. 15f., Hervorheb. i.O.). Padberg & Benz haben das Erkennen der Zusammenhänge in die Grundschulzeit verortet. Hasemann & Gasteiger haben angelehnt an Fuson eine Abbildung (siehe Anhang I) entworfen, in dem ebenfalls das Erkennen der Beziehungen der Aspekte mit ungefähren Altersangaben versehen ist. Widersprüchlich ist hierbei, dass nach dieser Abbildung Zusammenhänge teilweise bereits im Alter von zwei bis drei Jahren erkannt werden (Vgl. Padberg & Benz 2011, S. 15; Hasemann & Gasteiger 2014, S. 11).

Wie auf Grund der hier vorgenommenen Ausführungen zu erkennen ist, ist die Entwicklung der Zählkompetenz sehr komplex und benötigt viele verschiedene Teilkompetenzen, die miteinander vernetzt sind (Vgl. Hasemann & Gasteiger 2014, S. 23). Diese Komplexität führt unter anderem dazu, dass große Unterschiede in der Vorstellung von Zahlen und Größen bei Kindern herrschen. Darüber hinaus ist zu beachten, dass die Entwicklung in unterschiedlicher Art und Geschwindigkeit von statten geht. Es existiert somit eine große Heterogenität im Vorschulalter (Rademacher u.a. 2009, S. 10).

2.2 Familie

„Bildung und Erziehung beginnen in der Familie." (HSM & HKM 2012, S. 35). Die Familie ist, wie es das Zitat andeutet, vor allem in den ersten Lebensjahren der einflussreichste Bildungsort. Sie lenkt und beeinflusst den Bildungsprozess des Kindes zum einen direkt durch das, was das Kind innerhalb der Familie erlernt. Bereits Kleinkinder sind bestrebt, die Welt zu begreifen. Die ersten Fragen stellen sie ihren Eltern. Die Antwort und Reaktion auf solche Fragen sind von Eltern zu Eltern sehr unterschiedlich und beeinflussen auf diese Weise schon früh die Wissbegierde und Bildungsprozesse der Kinder (Vgl. BMFuS 2002, S. 18f.). Des Weiteren werden Kinder im Alltag mit vielfältigen mathematischen Inhalten konfrontiert (Vgl. Acar Bayraktar & Krummheuer 2011, S. 140). In solchen Alltagssituationen sollten Eltern nach Selter bestrebt sein „eine zwanglose, natürliche, durch den Kontext naheliegende Auseinandersetzung mit Mathematik anzuregen" (Selter 2008, S. 48). Dies kann zum Beispiel durch das Einbinden in das Kochen, Einkaufen und im Zuge dessen das Bezahlen sein (Vgl. Bostelmann 2009, S. 96). Das gemeinsame Spiel in der Familie ist nach Acar Bayraktar & Krummheuer eine Situation des familiären Alltags (Vgl. Acar Bayraktar & Krummheuer 2011, S. 136). In nahezu allen Spielsituationen lassen sich mathematische Inhalte finden. Ob diese thematisiert und besprochen werden, liegt hauptsächlich in den Händen der Eltern (Vgl. Acar & Brandt 2010, S. 10).

Zusammenfassend kann gesagt werden, dass die heterogenen Voraussetzungen der Kinder in ihrer mathematischen Denkentwicklung abhängig sind von der Erziehungs- und Beziehungskompetenz der Eltern, der familialen Aktivitäten und der alltäglichen Erfahrungen. (Vgl. BMFuS 2002, S. 17f.; Acar Bayraktar & Krummheuer 2011. S. 136).

In diesem Zusammenhang sind ethnische und kulturelle Hintergründe der Familie ebenfalls Einflussfaktoren (Vgl. Acar Bayraktar & Krummheuer 2011, S. 136). Diese sind jedoch in der später folgenden Einzelfallstudie nicht von Bedeutung und werden auf Grund dessen an dieser Stelle nicht weiter erörtert.

Zum anderen beeinflusst die Familie den Bildungsprozess des Kindes indirekt. Dies kann zum Beispiel durch die Nutzung und die Wahl des Kindergartens oder aber auch durch die Unterstützung und Motivierung während der Schullaufbahn geschehen. Die

Eltern können entscheiden, weitere Bildungsangebote, wie zum Beispiel in dem musisch-ästhetischen Bereich, anzunehmen. Darüber hinaus haben sie die Wahl, ihren Kindern Erfahrungen (beispielsweise mit Tieren) sammeln zu lassen (Vgl. BMFuS 2002. S. 20).

Es gibt einen Zusammenhang zwischen der Beeinflussung und den der Familie zur Verfügung stehenden Ressourcen. Für das Kind und dessen Entwicklung ist jedoch die Zuwendung, Zeit und Zärtlichkeit das Wichtigste (Vgl. HSM & HKM 2012, S. 35). An dieser Stelle ist an das Konzept des kulturellen Kapitals von Bourdieu und Coleman zu erinnern. Unter dem kulturellen Kapital sind alle Kulturgüter und kulturellen Ressourcen zu verstehen, welche dem Kind durch die Familie zur Verfügung stehen wie beispielsweise Instrumente und Bücher. Aber auch Fähigkeiten und Kenntnisse die durch die Familie erworben werden, zählen zu dem kulturellen Kapital. Des Weiteren kommt der Vorbildfunktion der Eltern und deren Bildungsgrad eine gewisse Bedeutung hinzu. Zusammenfassend beeinflusst das kulturelle Kapital die Voraussetzungen und Grundlagen für schulische Lernprozesse und den generellen Erfolg im Bildungssystem (Vgl. Bourdieu 2006, S. 112-120; Fuchs-Heinritz & König 2011, S. 164-168).

Die Schule ist unter anderem auf die, wie oben beschriebene, vorbereitende aber auch begleitende Unterstützung durch die Familie angewiesen (Vgl. BMFuS 2002, S. 14f.). So bezeichnen Acar & Brandt die Eltern als ein „paralleles Unterstützungssystem" (Acar & Brandt 2010, S. 8). Inwieweit dieses Unterstützungssystem als solches funktioniert, ist meist von der Einstellung der Eltern gegenüber der Schule und deren eigenen Erfahrungen während der Schulzeit abhängig. Diese Einstellung beeinflusst zudem maßgeblich die Lernbereitschaft des Kindes. Außerdem wirkt sich eine gute Kooperation zwischen Eltern und Lehrern, welche ebenfalls von der Einstellung der Eltern abhängig ist, positiv auf das Sozialverhalten und die Leistungen der Schülerinnen und Schüler in der Schule aus (Vgl. BMFuS 2002, S. 21).

2.3 Kindergarten

Auf Grund der unterschiedlichen Erfahrungen die die Kinder in der Familie sammeln, fordert Hacker, dass der Elementarbereich dafür Sorge trägt, dass jedes Kind mathematische Erfahrungen sammeln kann (Vgl. Hacker 2008, S. 61). Die heterogenen Erfahrungen und die Tatsache, dass die ersten zehn bis zwölf Jahre die lernintensivsten und entwicklungsreichsten Jahre sind, machen die zentrale Bedeutung der Bildung im Elementarbereich deutlich (Vgl. HSM & HKM 2012, S. 24).

Der Bildungs- und Erziehungsplan für Kinder von 0 bis 10 Jahren in Hessen (im Weiteren als Bildungs- und Erziehungsplan Hessen abgekürzt) stellt ein Orientierungsrahmen für alle Lern- und Bildungsorte auf nationaler Ebene dar. Für den Elementarbereich dient dieser als Richtlinie und beschreibt welche Fähigkeiten und Kompetenzen der Kinder zu beachten und zu fördern sind. Die Gestaltung der Förderung ist dabei jedem Kindergarten selbst überlassen (Vgl. ebd. S. 12, 39 und 56). Friedrich & Bordihn geben zu beachten, dass die Inhalte des mathematischen Anfangsunterrichts nicht gleichzeitig Ziel des Kindergartens sein sollten. Daraus resultierend sollte es ebenfalls kein Ziel sein, einen Lehrplan für den Elementarbereich bezüglich des Fachs zu entwickeln (Vgl. Friedrich & Bordihn 2008, S. 4).

Dies wird von Selter gestützt. Er gibt zu bedenken, dass die ersten Auseinandersetzungen mit der Umwelt bezüglich mathematischer Phänomene und der Erwerb erster mathematischer Kompetenzen ohne systematische Unterweisung und explizite Förderung erfolgen (Vgl. Selter & Spiegel 2007, S. 20; Selter 2008, S. 43).

Die Frühförderung soll den Einstieg in die Schulmathematik erleichtern, aber auch grundlegende Voraussetzungen schaffen, sodass die Kinder „die Welt mit Hilfe von Begriffen und Erkenntnissen der Mathematik beschreiben und verstehen können." (Friedrich & Bordihn 2008, S. 4).

2.3.1 Aufgaben des Kindergartens

„**Mathematik ist Leben und findet im Alltag statt.**" (Bostelmann 2009, S. 7, Hervorheb. i.O.).

Das Zitat erinnert an die Forderung, in der Familie mathematische Inhalte in Alltagssituationen zu erkennen und zu thematisieren. Diese Forderung gilt ebenfalls für den Kindergarten. Die Mathematik und vor allem die Zahlen sollen in den Alltag der Kinder mit eingebunden werden, sodass sie auf Grund ihres Entdeckungsdrangs Interesse daran entwickeln und Erfahrungen sammeln können. Die mathematische Sprache und die dadurch beschriebenen Inhalte sollen den Kindern durch konkrete Handlungen und an Gegenständen verdeutlicht und erfahrbar gemacht werden (Vgl. Friedrich & Bordihn 2008, S. 4). Ein Kind kann die Frage ,Wie viel ergibt fünf plus

14

zwei?' und die rein symbolische Darstellung der Aufgabe ‚5+2' nicht verstehen. Wird die Aufgabe durch eine konkrete Handlung zum Beispiel mit Bauklötzen vorgeführt, so kann das Kind die Aufgabe nachvollziehen und (aktiv) lösen (Vgl. Selter & Spiegel 2007, S. 20).

In dem Kindergarten können mathematische Erfahrungen in künstlerische, gestalterische Spiele, in Projekte und spezielle Lernangebote integriert werden (Vgl. Rademacher u.a. 2009, S. 14). Durch eine solche Integration werden die Informationen mit einer Emotion verbunden und auf Grund dessen länger im Gedächtnis gespeichert (Vgl. Friedrich & Bordihn 2008, S. 7f.). Des Weiteren führen positive Emotionen bezüglich eines Fähigkeitsbereichs zu einem positiven Fähigkeitsselbstkonzept des Kindes. Dies ist somit förderlich für die Entwicklung beispielsweise mathematischer Fähigkeiten (Vgl. Rademacher u.a. 2009, S. 17).

Ausgehend von dem bekannten Ausdruck Pestalozzis ‚Lernen mit Kopf, Herz und Hand' formulieren Friedrich & Bordihn die Forderung nach einer ganzheitlichen Förderung in dem Elementarbereich. Das bedeutet, den Kindern sollen mathematische Inhalte auf vielfältige Weise dargeboten und begreifbar gemacht werden. Sie sollen alle Sinne zum Verstehen nutzen, denn auf diese Weise können die neuen Informationen, wie bereits beschrieben, am besten gespeichert werden (Vgl. Friedrich & Bordihn 2008, S. 6).

Außerdem können einige allgemeine Kompetenzbereiche auf das mathematische Lernen eine positive Auswirkung haben. Solche sind daher zusätzlich im Elementarbereich zu beachten. Von besonderer Bedeutung sind eine gute Wahrnehmungsfähigkeit sowie die Motorik. Diese müssen ebenfalls gefördert werden (Vgl. ebd. S. 8ff.). Da die bereits thematisierten Abzählreime, aber auch die zu erkennenden Bildungsbeziehungen der Zahlworte mit der Entwicklung einer Sprachkompetenz einhergehen, ist die Förderung dieser Kompetenz ebenfalls zu beachten (Vgl. ebd. S. 6f.). Eine weitere grundlegende Kompetenz für das Lernen ist die Merkfähigkeit. Gelerntes kann dadurch abrufbar gespeichert werden. Dieses somit vorhandene Vorwissen erleichtert das Speichern neuer Sachverhalte und Informationen. Friedrich & Bordihn stellen daher die Gleichung auf: „Je mehr man bereits weiß, desto größer ist die Merkfähigkeit und desto einfacher gelingen Lernprozesse." (ebd. S. 9). Zu viele neue Informationen wirken sich jedoch negativ auf die Merkfähigkeit aus. Wichtig sind Wiederholungen und Möglichkeiten zum Anwenden des neu Gelernten. Diese Ausführungen machen die Wichtigkeit der Frühförderung und der Förderung im Elementarbereich deutlich. Die Kinder erwerben bereits in diesem Alter ihre Lernkompetenz, welche sie für das lebenslange Lernen und vor allem für das Lernen in der Schule benötigen (Vgl. ebd.). Zur allgemein methodischen Gestaltung einer solchen Lernumgebung ist zu sagen, dass Rituale und sichere, strukturierte Rahmenbedingungen von Vorteil sind. Sie geben den Kindern Orientierung und entlasten bezüglich des zeitlichen Ablaufs ihre Aufmerksamkeit, sodass sie sich ausschließlich auf den Inhalt konzentrieren können (Vgl. ebd. S. 14).

Der Bildungs- und Erziehungsplan Hessen spricht dem Elementarbereich eine hohe Verantwortung bezüglich mathematischer Bildung zu. Es werden explizit drei große Bereiche - Pränumerisch, Numerisch und der sprachliche und symbolische Ausdruck mathematischer Inhalte - benannt, welche thematisiert werden sollten. Diese drei Bereiche sind nochmals in einige Teilkompetenzen untergliedert (Vgl. HSM & HKM 2012, S. 75f.).

Es ist an dieser Stelle anzumerken, dass nicht in allen Bildungsplänen für den Elementarbereich der Länder die Mathematik explizit genannt wird oder gar eine solch detaillierte Aufstellung zu finden ist (Vgl. Schipper 2011, S. 68f.; Hasemann & Gasteiger 2014, S. 46).

Für die mathematische Bildung in dem Elementarbereich gibt es einige Konzepte und Praxisvorschläge. Sie setzen ihre Schwerpunkte auf verschiedene Kompetenz- und Fähigkeitsbereiche. Im Folgenden wird das Konzept ‚Die Reise ins Zahlenland‘[2] von Friedrich und dessen zentrale Bereiche vorgestellt.

2.3.2 Praxisbeispiel ‚Die Reise ins Zahlenland‘

‚Die Reise ins Zahlenland‘ ist ein ganzheitliches, offenes Frühförderkonzept, welches individuell und an die Gegebenheiten des Kindergartens angepasst werden kann (Vgl. Friedrich & Bordihn 2008, S. 18; Friedrich & Schindelhauer 2011, S. 24).

---

[2] In anderer Literatur wird es auch ‚Komm mit ins Zahlenland‘ genannt. Es ist zu unterscheiden von dem ähnlich klingenden und in Ansätzen vergleichbaren Konzept ‚Entdeckungen im Zahlenland‘ von Preiß.

Die Präsentation des Konzeptes in der vorliegenden Arbeit ist folgendermaßen zu begründen: Zwei wissenschaftliche Studien (Friedrich & Munz 2006; Pauen 2009) konnten positive Fördereffekte des Konzeptes nachweisen. Dadurch ist es im Elementarbereich zu einem „Standardkonzept in Deutschland" (Friedrich & Schindelhauer 2011, S. 24) geworden. Des Weiteren stehen im Zentrum des Konzeptes die zwei mathematischen Inhaltsbereiche Arithmetik und Geometrie, welche in dieser Arbeit ebenfalls schwerpunktmäßig thematisiert werden (Vgl. Friedrich & Bordihn 2008, S. 15ff.).

Ferner geht es um den Kardinal- und Ordinalzahlaspekt. Diese zwei Zahlaspekte sind am häufigsten im Alltag zu finden und besonders wichtig, um ein grundlegendes Zahlverständnis entwickeln zu können. Des Weiteren spielt die Eins-zu-Eins-Zuordnung eine besondere Bedeutung. Die Invarianz der Menge ist eine Grundvoraussetzung des mathematischen Denkens und wird daher ebenfalls in dem Konzept beachtet. Eine weitere wichtige Voraussetzung zum Erkennen mathematischer Strukturen ist die Fähigkeit der Reversibilität (Vgl. ebd.).

Die mathematischen Zusammenhänge sollen den Kindern spielerisch erfahrbar gemacht werden. Das Spiel soll zudem den Spaß an der Mathematik wecken (Vgl. Friedrich & Schindelhauer 2011, S. 26). Allgemein kommt dem Spiel eine bedeutende Rolle bei dem Erwerb mathematischer Fähigkeiten im Alltag zu (Vgl. Bostelmann 2009, S. 9f.). An dieser Stelle können diesbezüglich keine Ausführungen vorgenommen werden. Es ist jedoch auf das Buch „Lasst unsere Kinder spielen!" von Zimpel (2013) hinzuweisen.

In dem Konzept werden alltägliche, den Kindern bekannte Begriffe wie Land, Stadt und Garten mit Zahlen verbunden. Diese Verknüpfungen erleichtern den Kindern den Zugang zu Zahlen und ermöglichen ihnen vielfältige Erfahrungen (Vgl. Friedrich & Bordihn 2008, S. 18f.).

Vorschulkinder besitzen die Fähigkeit des magischen Denkens, weshalb ihnen das Konstruieren einer märchenhaften Zahlenwelt keine Probleme bereiten sollte (Vgl. ebd. S. 22).

Die Kinder erstellen das Zahlenland, eingeteilt in vier Schritten, selbst. Jeder Schritt beginnt mit einer kurzen Einführung und Erläuterung der Durchführungsmöglichkeiten (Vgl. ebd. S. 20).

Die Zahlen eins bis zehn werden einzeln, der Reihe nach eingeführt. Die Einführung erfolgt anhand eines Märchens und der dazugehörigen Zahlenpuppe (Vgl. ebd. S. 20ff.). In dem ersten Schritt wird das Zahlenland mit den sogenannten ‚Zahlenpuppen' entworfen. Jede Puppe repräsentiert dabei eine Zahl, welche durch eine Besonderheit mit Wiedererkennungswert dargestellt wird. Bei der Thematisierung der Zahl Zwei kann eine solche Besonderheit beispielsweise eine Brille mit zwei Gläsern sein (Vgl. ebd. S. 20).

In dem zweiten Projektschritt werden die Zahlenstadt und die Zahlengärten aufgebaut. Die Form der Zahlengärten entspricht einer geometrischen Form, deren äußere Merkmale ebenfalls die jeweilige Zahl darstellen (z.B. bei der Drei ein Dreieck). Zudem werden die Gärten mit Gegenständen welche die Zahl charakterisieren bestückt. Neben den Zahlen können in diesem Zusammenhang die mathematischen Begriffe Umfang und Fläche thematisiert und erfahrbar gemacht werden. Die Kinder lernen den Umfang als eine ablaufbare Strecke und die Fläche als einen Bereich zum Sitzen und Liegen kennen (Vgl. ebd. S. 22f.).

Für Abwechslung sorgen die zwei Spielfiguren ‚Zahlenkobold' und ‚Zahlenfee'. Eine Erzieherin/ein Erzieher verkleidet sich als solch eine Figur und begibt sich in die Zahlenstadt. Der Zahlenkobold steht für die Unordnung und Unregelmäßigkeit und vertauscht die angeordneten Zahlen und Gärten. Taucht er auf, müssen die Kinder die entstandenen Fehler in ihrer Zahlenstadt korrigieren. Die Zahlenfee repräsentiert hingegen die Ordnung und spielt mit den Kindern Rechenspiele. Bezüglich der Spiele werden einige Vorschläge gemacht, die jedoch nicht verpflichtend sind. Ein vorgeschlagenes Spiel ist die ‚Zahlenmusik'. Die Fee spielt auf einem beliebigen Instrument eine gewisse Anzahl an Tönen. Diese Anzahl müssen die Kinder durch genaues Hinhören herausfinden (Vgl. ebd. S. 25f.).

Der dritte Schritt sind die Zahlenhäuser und Zahlentürme. Dies ist das einzig explizit vorgegebene Material. Die Häuser bestehen aus Holzwürfeln mit Würfelaugen. Diese stellen die jeweilige Zahl dar. Auf die Häuschen werden Fähnchen mit der jeweiligen Ziffer draufstehend gesteckt. Diese symbolisieren die Hausnummern. Es wird somit Bezug zum Ordinalzahlaspekt genommen. Außerdem werden Zahlentürme auf die Häuser gebaut. Sie bestehen aus einzelnen Klötzchen. Ihre Anzahl entspricht der Hausnummer. Mit diesen Türmen können nun einige Versuche beispielsweise bezüglich der Zahlzerlegung gemacht werden. Die Zahlzerlegung ist eine Grundvoraussetzung für das Rechnen über die Zehn hinweg (Vgl. ebd. S. 26f.).

Als vierter Schritt werden die Zahlenwege und Zahlentreppen erstellt. Die kinästhetischen Erfahrungen stehen hierbei im Mittelpunkt. Ziel ist es, eine Umgebung herzustellen, die zum Zählen anregt. Die Wege oder Treppen, welche mit der Zahlenreihenfolge bestückt wurden, können nun von den Kindern begangen und dabei gleichzeitig gezählt werden. Auf diese Weise unterstützt die körperliche Bewegung die kognitive Leistung. Bei der Treppe kommt, anders als bei dem Weg, noch der Aspekt der Höhe hinzu (Vgl. ebd. S. 28).

Es wird deutlich, dass das Konzept handlungsorientiert ist und weitere nicht mathematische Kompetenzen, wie beispielsweise die Sprachkompetenz, ebenfalls beachtet und fördert (Vgl. Friedrich & Schindelhauer 2011, S. 24).

Allerdings geben Hasemann & Gasteiger zu bedenken, dass die emotionale Beziehung zu den Zahlen der abstrakten Idee der Zahlen widerspricht. Darüber hinaus wird auf Grund der märchenhaften Einbettung die ständige Präsenz der Erzieherin/des Erziehers benötigt. Dies hindert die Kinder an einer selbstständigen Reflexion. Des Weiteren ist nach Hasemann & Gasteiger ein kritischer Blick auf die Personifizierung der Zahlen zu werfen (Vgl. Hasemann & Gasteiger 2014, S. 51f.). Gasteiger schreibt der Konzeption eine verschulte Art zu, welche für den Elementarbereich kritisch zu betrachten ist (Vgl. Gasteiger 2011, S. 5).

2.3.3 Kenntnis am Ende der Kindergartenzeit

Auf Grund der Erfahrungen mit mathematischen Inhalten in der Familie und dem Kindergarten sollten die Kinder am Ende der Kindergartenzeit gewisse mathematische Kenntnisse erworben haben. Um welche arithmetischen und geometrischen Kenntnisse es sich handelt und inwieweit sie in diesem Alter ausgeprägt sein sollten, wird im Folgenden dargestellt.

Anhand der Untersuchung von Schmidt zur Zahlkenntnis und Zählfähigkeit bei Schulanfängerinnen und Schulanfängern konnte gezeigt werden, dass 99,4% der befragten Kinder bis fünf und 70% der Kinder bis zwanzig zählen konnten (Vgl. Schmidt 1982, S. 371). In einer jüngeren vergleichbaren Studie von Deutscher können 100% der Kinder bis zehn und 77,8% der Kinder bis zwanzig zählen (Vgl. Deutscher

2012, S. 259). Nach Schipper ist ein drastischer Leistungsabfall zu erkennen, wenn der Zahlenraum von zwanzig überschritten wird (Vgl. Schipper 2011, S. 79). So können beispielsweise 15,1% der Kinder bei Schmidt und 22,2% der Kinder bei Deutscher bis hundert zählen (Vgl. Schmidt 1982, S. 371; Deutscher 2012, S. 260). Dies hängt mit den Bildungsbeziehungen der Zahlworte zusammen, wie bereits in 2.1 erläutert (Vgl. Schipper 2011, S. 79). Um Rückwärtszählen zu können, müssen die Kinder die Vorgänger einer Zahl benennen können. Dies kann ein Drittel aller Schulanfängerinnen und Schulanfänger. Es ist somit ein Förderbedarf des Rückwärtszählens festzustellen (Vgl. ebd. S. 83f.).

Es kann allerdings nicht von der Kenntnis der Zahlwortreihe auf weitere Fähigkeiten wie beispielsweise auf das resultative Zählen geschlossen werden. Für dieses resultative Zählen müssen zudem mindestens die ersten drei Zählprinzipien, welche in 2.1 vorgestellt wurden, verstanden und angewandt werden (Vgl. Hasemann & Gasteiger 2014, S. 19 und 23).

Ergebnisse des Osnabrücker Tests, welcher bei den Schulfähigkeitstests genauer vorgestellt wird, ergaben, dass nur 58% der Kinder zwanzig geordnete Klötze abzählen konnten. Die Zahl der Kinder sank nochmals bei dem Abzählen zwanzig ungeordneter Klötze (Vgl. ebd. S. 29). Diese Ergebnisse zeigen, dass die Anordnung von zu zählenden Objekten die Zählkompetenz zusätzlich beeinflusst (Vgl. Schipper 2011, S. 83).

Bei Aufgaben zur Erfassung strukturierter Mengen ist eine große Differenz der Geschwindigkeit beim Lösen zu beobachten. Leistungsstarke Kinder greifen auf ihnen bekannte Muster zurück und erfassen die Anzahl simultan oder quasi simultan. Leistungsschwache Kinder hingegen gebrauchen aufwendige Zählstrategien (Vgl. Hasemann & Gasteiger 2014, S. 30ff.). Die größten Schwierigkeiten haben Kinder bei der quasi-simultanen Zahlauffassung, wobei dies eine wichtige Kompetenz zur Entwicklung von Rechenstrategien ist (Vgl. Schipper 2011, S. 83). Daher sollten auch im Anfangsunterricht Situationen geschaffen werden, die den Kindern das Zählen größerer Mengen in diverser Anordnung zur Aufgabe machen (Vgl. ebd.).

Schmidt testete ebenfalls die Zuordnung von Zahlwörtern und Zifferndarstellung zu einer Menge und umgekehrt. Es ist zu beobachten, dass die Kinder mit den Zahlwörtern sowie den Zifferndarstellungen in gleichem Maße umgehen können (Vgl. Schmidt

1982, S. 373f.). Schmidt hält zusammenfassend fest, dass die Kinder „beachtliche Fähigkeiten im kardinalen Gebrauch der Zahlen, insonderheit im quantifizierenden Zählen, besaßen" (ebd. S. 374).

Wie bereits beschrieben, können die Kinder die Ziffern oft richtig lesen. Allerdings entstehen bei dem Schreiben der Ziffern meist Schwierigkeiten und teilweise Verwechslungen (Vgl. Hasemann & Gasteiger 2014, S. 30). Daher ist ein Ziffernschreiblehrgang in dem Anfangsunterricht durchzuführen. Auf die Wichtigkeit und die Umsetzung dieses Lehrgangs wird in 4.4 ‚Arithmetik' eingegangen (Vgl. Schipper 2011, S. 79).

Bei dem Vergleich von Zahlen ist für die Kinder die Formulierung der Frage ein sehr beeinflussendes Kriterium. Die Kinder achten besonders auf die Unterscheidung zwischen ‚ist größer als' und ‚ist mehr als'. Ersteres verstehen sie ausschließlich im Sinne der Größe und zweites im Sinne der Anzahl. Diese strikte Unterscheidung kann bei Zahlvergleichen zu Missverständnissen und Fehlern führen. Wird ein Kind nach der größeren von zwei Zahlen gefragt, argumentiert das Kind rein von dem Optischen der Ziffer. Es entstehen somit falsche Antworten. Werden die Kinder gefragt, welche von zwei Zahlen mehr ist, beantworten die Meisten die Aufgabe richtig. Es wird hier deutlich, dass die Kinder eine besondere Sensibilität für diese Fragestellungen haben, weshalb Hasemann & Gasteiger deren Thematisierung in dem Anfangsunterricht verstärkt fordern (Vgl. Hasemann & Gasteiger 2014, S. 32f.).

Kinder können bereits vor Eintritt in die Schule leichte Additions- und Subtraktionsaufgaben lösen. Wie schon erwähnt, fällt ihnen dies leichter, wenn die Aufgabe anhand einer Handlung oder mit Hilfe von Gegenständen dargeboten wird. Auf diese Weise können 90% der Kinder leichte Aufgaben lösen (Vgl. Deutscher 2012, S. 274). Beim Lösen nutzen die Kinder unterschiedliche Zähl- und Rechenstrategien. Diese Unterschiede sind abhängig von der Art ihres Denkens und somit der Repräsentation der Aufgabe in ihrem Kopf. Es wird hierbei von einem „mentalen Modell" (Greeno 1989) gesprochen, welches im Kopf konstruiert wird. Vor allem leistungsschwache Schülerinnen und Schüler haben bei der Konstruktion solcher mentalen Modelle Schwierigkeiten und benötigen unbedingt Hilfe und Unterstützung (Vgl. Hasemann & Gasteiger 2014, S. 33-37). Additions- und Subtraktionsaufgaben, die den Kindern in einer Rechengeschichte und einem passenden Bild mit

Abzählmöglichkeit präsentiert werden, werden von 50% bis 75% der Kinder gelöst. Steht den Kindern keine Abzählmöglichkeit zur Verfügung, sinken die Anzahlen der richtig gelösten Aufgaben. Additionsaufgaben werden in diesem Fall noch öfters richtig gelöst als Subtraktionsaufgaben. Es wird ein Zusammenhang zu den Differenzen in den Fähigkeiten des Vorwärts- und Rückwärtszählens vermutet. Wie es indirekt schon angeklungen ist, wird bei solchen Aufgaben nicht nur die Rechenfähigkeit sondern sehr stark die (Ab-)Zählkompetenz getestet (Vgl. Schipper 2011, S. 85).

Wie Hasemann & Gasteiger abschließend erwähnen, sind die geschilderten arithmetischen Kenntnisse sehr gut ausgeprägt und umfangreich. Trotz allem sind die ein bis drei Prozent der Kinder zu beachten, die zu Schulbeginn noch nicht bis fünf beziehungsweise zehn zählen können (Vgl. Hasemann & Gasteiger 2014, S. 37f.).

Passend zur Eingangsfrage dieses Unterkapitels hat Schipper eine Tabelle zur „Kompetenzerwartung im Bereich von Zahl- und Operationsverständnis im vorletzten und letzten Jahr vor der Einschulung" (Schipper 2011, S. 77) erstellt. Diese fasst das bisher Erläuterte prägnant zusammen und ist im Anhang (II) zu finden.

Zu den geometrischen Vorkenntnissen gibt es keine solch umfangreiche Studie und Auswertung. Es ist jedoch davon auszugehen, dass bereits Kleinkinder zahlreiche Erfahrungen mit geometrischen Formen und Figuren sammeln, indem sie diese betrachten und berühren. Daher können Kinder weit vor dem Benennen geometrischer Figuren diese schon unterscheiden. Das Benennen der Formen fällt den Kindern meist schwer, da sie oft zur Benennung Oberbegriffe oder Eigenschaftsbegriffe verwenden oder sie aber durch Vergleiche beschreiben. Außerdem haben Kinder im Alter zwischen drei und sechs Jahren prototypische Vorstellungen von Formen und sind somit in der Benennung begrenzt (Vgl. Hasemann & Gasteiger 2014, S. 40f.). Es entsteht somit eine Heterogenität in dem Benennen und Beschreiben von geometrischen Formen (Vgl. Hellmich & Kiper 2006, S. 77).

Generell kann bei einigen Vorschulkindern hinsichtlich der Raumvorstellung eine gewisse Fähigkeit beobachtet werden. Ihnen sind Begriffe zur Raum-Lage-Beziehung bekannt, jedoch ist der Umgang damit nicht immer fehlerfrei. Die Begriffe Links und Rechts sind am fehleranfälligsten in der Anwendung. Am meisten Probleme bereitet es den Kindern, mental verschiedene Positionen einzunehmen (Vgl. Hasemann & Gasteiger 2014, S. 40).

Viele Erfahrungen und Kenntnisse haben Kinder in dem Bereich der Symmetrie sammeln können, da (in Ansätzen) unser eigener Körper aber auch viele Gegenstände aus der Umwelt symmetrisch sind. Bei dem korrekten Ergänzen einer halben Figur gibt es jedoch Unterschiede, welche vermutlich mit dem Erkennen der zu entstehenden Gesamtfigur zusammenhängen (Vgl. Franke 2007, S. 218 und 225ff.).

Eine Studie zu den Kenntnissen im Bereich Geometrie von Schulanfängerinnen und Schulanfänger wurde von Grassmann (1996) durchgeführt. Die Ergebnisse bestätigen das zuvor Erläuterte. Es wurden ebenfalls ein sicherer Umgang mit geometrischen Inhalten und die Schwierigkeiten mit geometrischen Begriffen festgestellt. Widersprüchlich zu dem oben Erläuterten ist, dass die Studie herausfand, dass die Kinder Schwierigkeiten bei der Benennung von Eigenschaften von Figuren hatten (Vgl. Hellmich & Kiper 2006, S. 80).

Solche zitierten Studien zu den Vorkenntnissen der Kinder vor Schuleintritt werden unter einem sogenannten ‚Anknüpfungsmotiv' durchgeführt. Ziel ist es, auf Grund der Ergebnisse einen gleitenden Übergang zu gestalten (Vgl. Schipper 2011, S. 78). Der Übergang wird im Folgenden thematisiert.

3 Übergang

In der Kindheit erlebt der Mensch einige Übergänge. Der bedeutendste ist der Übergang vom Kindergarten in die Grundschule. Dies bemerken die Kinder nicht erst bei der Einschulung, sondern bereits während des letzten Kindergartenjahres. In den meisten Kindergärten werden diese Kinder ‚(Vor-)Schulkinder' genannt (Vgl. Neuß 2010, S. 72). Bereits hier kann laut Griebel & Niesel von einem beginnenden Statuswechsel gesprochen werden (Vgl. Griebel & Niesel 2002, S. 15).

Übergänge[3] sind Veränderungen der Lebensumwelt, in denen sich mit der sozialen Umwelt auseinandergesetzt werden muss. Ein reibungsloser Übergang kann nur gelingen, wenn sich das Kind in kürzester Zeit an die neue Situation anpassen kann. Daher werden Übergänge in dem Bildungs- und Erziehungsplan Hessens als „Phasen beschleunigten Lernens" (HSM & HKM 2012, S. 94) charakterisiert.

Griebel & Niesel bezeichnen die Übergangsbewältigung als ‚Entwicklungsaufgabe' und unterteilen die Anforderungen und Veränderungen in drei Ebenen (Vgl. Griebel & Niesel 2004, S. 36). Die erste Kategorie betrifft die Anforderungen auf der individuellen Ebene. Die Identität des Kindes ändert sich von dem Kindergartenkind zu einem Schulkind. Mit dieser Änderung gehen einige Emotionen wie Vorfreude und Neugier aber auch Ungewissheit und Angst einher. Des Weiteren entstehen neue, veränderte Anforderungen, welche wiederum neue Verhaltensweisen erfordern. Diese Verhaltensweisen machen den Entwicklungsstand des Kindes sichtbar. Außerdem baut das Kind Kompetenzen aus und erwirbt neue hinzu, wie beispielsweise die Selbstständigkeit (Vgl. Griebel & Niesel 2004, S. 123; HSM & HKM 2012, S. 94).

Auf der interaktionalen Ebene entstehen ebenfalls Anforderungen. Das Kind muss neue Beziehungen zu den Lehrkräften und den Mitschülerinnen und Mitschülern aufbauen und verliert gleichzeitig vertraute Beziehungen aus dem Kindergarten. Manche Beziehungen verändern sich wie beispielsweise innerhalb der Familie. Das Kind nimmt

---

[3] Der Übergang wird in einigen Publikationen ‚Transition' benannt. Dieser Begriff geht auf den Sozialpsychologen H. Welzer (1993) zurück (Vgl. Griebel & Niesel 2004, S. 35).

eine neue Rolle ein, womit eine gewisse Rollenerwartung und Rollensanktion einhergeht (Vgl. Griebel & Niesel 2004, S. 124).

Außerdem existieren Anforderungen auf der kontextuellen Ebene. Die Familie und die Schule sind zwei Lebensbereiche, welche miteinander verknüpft werden müssen (Vgl. ebd.). Der Schulbesuch bestimmt zu einem großen Teil den Tagesablauf des Kindes und ist im Vergleich zum Kindergarten verpflichtend (Vgl. Griebel & Niesel 2002, S. 30). Die Vielschichtigkeit der Anforderungen eines Übergangs wird anhand der Ausführungen deutlich. Zur Bewältigung sind somit Fähigkeiten und Fertigkeiten nicht ausreichend, sondern es werden zusätzlich Basiskompetenzen erforderlich (Vgl. Griebe & Niesel 2004, S. 124).

Das Verhalten des Kindes in der Schule ist somit abhängig von der Übereinstimmung der Kompetenzen und den Anforderungen (Vgl. Griebel & Niesel 2002, S. 42). Dies soll am Beispiel einer gut ausgeprägten sozialen Kompetenz, welche förderlich für die Bewältigung des Übergangs ist, deutlich gemacht werden (Vgl. ebd. S. 45). Auf Grund der sozialen Kompetenz können soziale Kontakte schneller geknüpft und somit positive Erfahrungen in Verbindung mit der Schule erworben werden. Das Kind fühlt sich dadurch wohl. Somit kann das Wohlbefinden als Kennzeichen für einen erfolgreichen Übergang gesehen werden (Vgl. Neuß 2010, S. 74).

Ausgehend von dem PISA-Schock wird die Forderung nach einem gleitenden Schulübergang zunehmend stärker. Die Erwartungen an Schulanfängerinnen und Schulanfänger sind gestiegen und somit ist der Elementarbereich gezwungen seinen Bildungsauftrag vermehrt wahrzunehmen (Vgl. Hopf; Zill-Sahm & Franken 2008, S. 7). Eine Antwort auf diese Forderungen ist der Bildungs- und Erziehungsplan Hessen. Er thematisiert, neben den oben dargestellten Inhalten, den Übergang vom Kindergarten zur Grundschule und spricht diesbezüglich die Kooperation der Institutionen an (Vgl. HSM & HKM 2012, S. 101 und 103). Diese Kooperation soll nach Hopf; Zill-Sahm & Franken dazu beitragen, dass eine Kontinuität des Bildungsganges jedes Kindes erreicht wird. Diese Kontinuität ist nach Meinung der Autoren ebenso wichtig bei der Persönlichkeitsentwicklung, welche beide Bildungsorte zu begleiten haben (Vgl. Hopf; Zill-Sahm & Franken 2008, S. 9ff.). Griebel & Niesel geben jedoch zu bedenken: „Diskontinuität ist ein Merkmal von Übergängen." (Griebel & Niesel 2002, S. 61). Wird versucht eine Kontinuität des Übergangs vom Kindergarten zur Grundschule herzustellen, so müsste die Schule und der Kindergarten in ihrer Konzeption, Aufgabe und Rahmenbedingungen gleich sein. Außerdem verhelfen die Basiskompetenzen, welche nach dem Bildungsauftrag in dem Elementarbereich entwickelt und gefördert werden sollen, die Diskontinuität eines Übergangs zu bewältigen. Im Nachhinein stärkt solch ein absolvierter Übergang die Kinder und erweitert deren Kompetenzen (Vgl. ebd. S. 62). Griebel & Niesel kommen somit zu dem Entschluss: „Soviel Kontinuität wie nötig – nicht wie möglich." (ebd. S. 62).

Wie bereits bei der Aufgabe des Kindergartens erwähnt, soll der Kindergarten keine Inhalte und andere Merkmale der Schule vorgreifen beziehungsweise übernehmen. Daher sollte der Kindergarten seine Inhalte mit der Schule abstimmen. Diese Abstimmung ist ein weiteres Ziel der Kooperation und trägt ebenfalls zu einem gleitenden Übergang bei (Vgl. Hopf; Zill-Sahm & Franken 2008, S. 10).

Darüber hinaus sollten in diese Kooperation die Eltern mit einbezogen werden (Vgl. ebd. S. 10f.). Der Bildungsprozess des Kindes in der Schule baut auf den Bildungsprozess resultierend aus dem Kindergarten, der Familie und eventuellen zusätzlichen Bildungsorten auf. Dies verdeutlicht, dass die einzelnen Bildungsorte aufeinander angewiesen sind und ein solcher Bildungsprozess nur erfolgreich sein kann, wenn diese familialen (sozialen) wie auch institutionellen Bildungsorte miteinander kooperieren (Vgl. HSM & HKM 2012, S. 23). Die Kooperation aller Beteiligten wird als ‚Ko-Konstruktion' bezeichnet und Forderungen nach solcher werden laut (Vgl. Griebel & Niesel 2004, S. 111).

Auch für die Eltern ist der Übergang von besonderer Bedeutung. Auf sie kommen neue Aufgaben und Themen zu (Vgl. Neuß 2010, S. 72). Des Weiteren verändert sich die Rolle der Eltern insofern, dass ihnen ein neuer Erziehungsauftrag zukommt (Vgl. Griebel & Niesel 2002, S. 17). Die oben beschriebenen veränderten Anforderungsbereiche gelten ebenfalls für die Eltern, werden jedoch in dieser Arbeit nicht ausgeführt, da der Schwerpunkt auf den Kindern liegt (Vgl. ebd. S. 15-42).

Generell ist festzuhalten, dass der Übergang eine gewisse Hürde mit Chancen und Risiken darstellt. Kinder können bereits in dieser Phase des Bildungsgangs Selektion und Stigmatisierung erfahren, welche negative Auswirkungen auf die Persönlichkeitsentwicklung haben können (Vgl. Neuß 2010, S. 73).

3.1 Gestaltung des Übergangs

Für die Vorbereitung auf die Schule gibt es in den Kindergärten kein verbindliches Curriculum und auch der Bildungs- und Erziehungsplan Hessen beinhaltet keine Angaben zu Gestaltung und Inhalt des Übergangs. Die Ausgestaltung in der Praxis ist daher vielfältig und an dieser Stelle nur schwer in einem Überblick darzustellen (Vgl. Griebel & Niesel 2002, S. 46).

Die Gestaltung des Übergangs sollte in Kooperation von Kindergarten und Grundschule thematisiert und entwickelt werden. Ein Modellbeispiel für solch eine kooperative Gestaltung ist der Kooperationskalender. Er ist eine Art Arbeitsplan, in dem Vereinbarungen von Kindergarten und Grundschule terminlich festgehalten werden. Solche vereinbarten Termine können die Bekanntgabe der Klassenlehrerinnen und der Klassenlehrer, die verstärkte Arbeit mit den Vorschulkindern, Besuche beider Seiten in den Einrichtungen, die Testung der Schulfähigkeit sowie Kennenlern-Nachmittage aller Beteiligten sein (Vgl. Hense & Buschmeier 2002, S. 101-107).

Im Rahmen der verstärkten Arbeit mit den Vorschulkindern können Konzepte wie beispielsweise ‚Die Reise ins Zahlenland' durchgeführt oder auch einzelne, schulverwandte Themen behandelt werden. Griebel & Niesel haben bezüglich der Thematisierung schulspezifischer Inhalte eine Fragebogenerhebung in bayrischen Kindergärten durchgeführt. Sie stellten unter anderem fest, dass 88% der Kindergärten den Umgang mit Zahlen übten. Knapp 60% von ihnen boten Schreib- sowie Leseübungen einzelner Wörter an. Themen wurden bei 78% durch Arbeitsblätter bearbeitet und 37% arbeiteten mit Arbeits- beziehungsweise Vorschulmappen. Die meisten Kindergärten bieten eine Auswahl solcher Aktivitäten an (Vgl. Griebel & Niesel 2002, S. 46-49).

Durch solch eine Kooperation können Erzieherinnen und Erzieher und Lehrerinnen und Lehrer in einen Austausch über die Kinder gelangen. Die Lehrerinnen und Lehrer können sich mit Hilfe der Aussagen der Erzieherinnen und Erzieher einen ersten Eindruck über ihre angehenden Schülerinnen und Schüler machen. In diesem Austausch können Besonderheiten, Stärken und Schwächen der Kinder sowie Kann-Kinder thematisiert werden. Ein Anlass zu solchen Gesprächen kann die, im Folgenden beschriebene und ebenfalls im Kooperationskalender festgehaltene, Testung der Schulfähigkeit sein (Vgl. Hasemann & Gasteiger 2014, S. 59f.).

Bei solchen Gesprächen und Kooperationen darf jedoch die Schweigepflicht der Erzieherinnen und Erzieher nicht missachtet werden. Im Falle einer Auskunft über einzelne Kinder an die Grundschule muss eine Schweigepflichtsentbindung der Erziehungsberechtigten vorliegen (Vgl. Kunkel o.J, o.S.). Verwunderlich ist, dass in der Literatur dieser wichtige Aspekt meist nicht beachtet oder gar benannt wird.

3.2 Testung der Schulfähigkeit

Die notwendigen Voraussetzungen, die die Kinder für den Übergang vom Kindergarten zur Grundschule benötigen, werden als ‚Schulfähigkeit' beschrieben (Vgl. HSM & HKM 2012, S. 101). Über die genaue Definition solcher Voraussetzungen und somit der Schulfähigkeit wird diskutiert. Daher ist ebenfalls strittig, ob und wie diese Fähigkeiten überprüft werden können (Vgl. Hopf, Zill-Sahm & Franken 2008, S. 14).

In jüngster Zeit wird von den traditionellen Schulreifetests, auf Grund ihrem ausschließlichen Fokus auf die Kognition und ihrer selektiven Absicht, abgesehen (Vgl. ebd. S. 14f.). Vielmehr fordert Hacker in Anlehnung an Burgener-Woeffray ein „Augenmerk auf die Voraussetzungen für die spezifischen Aufgabenstellungen im Anfangsunterricht zu richten" (Hacker 2008, S. 83). Gerade der Schriftspracherwerb und das mathematische Denken haben nach Hacker Vorläuferfertig- und -fähigkeiten, welche für den Anfangsunterricht vorauszusetzen sind. Es wird hierbei von „proximalen Schulfähigkeitskriterien" (ebd. S. 83) gesprochen. Kinder, denen solche Vorläuferfertig- und -fähigkeiten fehlen, sind unbedingt zu identifizieren. Es wurden spezielle Tests und Screening-Verfahren hierfür entwickelt. Die Erkennung und Förderung von Defiziten stehen hierbei im Zentrum (Vgl. ebd. S. 82f.). Nach Hopf; Zill-Sahm & Franken benötigen Kinder zur Einschulung keine vollständige Schulfähigkeit. Diese soll und kann noch in der ersten Klasse gefördert und entwickelt werden. Dies erfordert eine flexible Verweildauer in der ersten Klasse beziehungsweise in der sogenannten Schuleingangsstufe (Vgl. Hopf; Zill-Sahm & Franken 2008, S. 15f.).

Ein Test zur Feststellung der mathematischen Vorläuferfähigkeiten ist beispielsweise der ‚Osnabrücker Test zur Zahlentwicklung' (im Folgenden OTZ abgekürzt) (Vgl. Hacker 2008, S. 83f.). Der OTZ ist ein normiertes Testverfahren. Er kann mit Kindern von viereinhalb bis sieben Jahren und somit vor Schulbeginn oder direkt zu Beginn der Schulzeit durchgeführt werden. Die Lehrerinnen und Lehrer, Pädagoginnen und

Pädagogen sowie die Eltern können eine Einschätzung erhalten, inwieweit das Kind in dem altersgerechten Entwicklungsrahmen liegt. Es können Defizite und ein diesbezüglicher Förderbedarf aber auch besonders begabte Kinder identifiziert werden (Vgl. Hasemann & Gasteiger 2014, S. 25-28).

Der OTZ umfasst vierzig Aufgaben, welche den Kindern mündlich gestellt werden. Sie können die Aufgaben mit Hilfe von Bildern oder unter Verwendung von bereitgestelltem Material lösen. Es werden jeweils fünf Aufgaben zu einem Kenntnisbereich gestellt. Insgesamt werden acht Bereiche überprüft: „qualitatives Vergleichen, Klassifizieren, Eins-zu-Eins-Zuordnungen herstellen, Reihenfolgen erkennen, Zahlwörter gebrauchen, Zählen mit Zeigen, Zählen ohne Zeigen, einfaches Rechnen" (ebd. S. 26).

Es konnte gezeigt werden, wie komplex der Übergang vom Kindergarten zur Grundschule ist. Dies ist gleichzeitig der Grund dafür, warum dieses Kapitel nicht als ‚Letztes Kindergartenjahr' bezeichnet wurde. An diesem Übergang ist nicht nur der Kindergarten sondern durch die Kooperation auch die Schule beteiligt. Darüber hinaus bringt er einige Anforderungen für die Kinder und deren Familie mit. Somit ist der Übergang eine beeinflussende und entscheidende Hürde für das Einfinden und Wohlfühlen des Kindes in der Schule (Vgl. HSM & HKM 2012, S. 101ff.).

4 Schule – Anfangsunterricht

„Schulanfänger sind keine Lernanfänger." (Hanke 2007, S. 103). Diese Aussage fasst die vorherigen Ausführungen sehr prägnant zusammen. Außerdem widerlegt das Zitat die bis vor zwanzig Jahren bestehende Annahme, dass der Anfangsunterricht die ‚Stunde Null' darstellt (Vgl. Selter 2008, S. 39). Daher bleibt nun zu klären, welche Aufgaben der Anfangsunterricht zu erfüllen hat und wie er didaktisch zu gestalten ist. Seit der Entstehung der Grundschule zu Beginn der 1920er Jahre wird der Begriff ‚Anfangsunterricht' verwendet (Vgl. Hanke 2007, S. 10). Der Anfangsunterricht ist nach einer Definition von Schaub & Zenke ein

> „Unterricht für Schulanfänger nach der *Einschulung* in die *Grundschule*, mit dem für alle Kinder eines Jahrgangs die Schullaufbahn beginnt. Zum A. bzw. Schulanfang werden i.d.R. das erste und zweite Schuljahr gezählt, allerdings werden zum Schulanfang manchmal auch nur die ersten zwei Schulwochen gerechnet." (Schaub & Zenke 2007, S. 29f., Hervorheb. i.O.).

Es wird deutlich, dass kein Konsens bezüglich der Zeitspanne des Anfangsunterrichts besteht (Vgl. Hanke 2007, S. 10). Diese Einsicht ist für die später vorgestellte Einzelfallstudie von Bedeutung.

Die im Vorschulbereich gesammelten heterogenen Erfahrungen der Kinder stammen vorwiegend (wie gefordert) aus Alltagssituationen. Dies ändert sich mit dem Eintritt in die Schule. Zwar sollen auch in der Schule Themen aus der Lebensumwelt der Schülerinnen und Schüler aufgegriffen und mathematisch analysiert werden, jedoch geschieht dies in einem veränderten, wie ihn Radatz u.a. beschreiben „festgelegten ritualisierten und institutionalisierten Rahmen" (Radatz u.a. 2008, S. 19). Der mathematische Anfangsunterricht orientiert sich daher eher an pädagogischen als an fachlichen Zielen. Die Differenzierung soll im Zuge dessen die Kinder für das Lernen motivieren und schulfähig machen (Vgl. Radatz ua. 2008, S. 19; Bostelmann 2009, S. 93). Des Weiteren kommt der Differenzierung und Individualisierung im Anfangsunterricht eine besondere Bedeutung zu, da die Kinder, wie bereits genannt, heterogene Erfahrungen mitbringen aber auch in dem Bildungsprozess unterschiedlich weit entwickelt sind. Diese Heterogenität ist im Anfangsunterricht anzunehmen und zu akzeptieren. Es muss an die individuellen Voraussetzungen angeknüpft werden (Vgl. Hanke 2007, S. 20f.; Schaub & Zenke 2007, S. 30).

Die bisherige Dreigliederung der Mathematik in Arithmetik, Geometrie und Sachrechnen mit Größen wird durch die Bildungsstandards aufgebrochen (Vgl. KMK 2004, S. 6). Diese Bildungsstandards sind seit 2004 gesetzliche Richtlinien für den Unterricht und werden im Folgenden genauer vorgestellt (Vgl. ebd. S. 3). Sie benennen als Leitideen des Mathematikunterrichts „Zahl und Operation, Raum und Form, Muster und Strukturen, Größen und Messen sowie Häufigkeit und Wahrscheinlichkeit" (ebd. S. 8). Bezüglich dieser Inhaltsbereiche und der Gestaltung des mathematischen Anfangsunterrichts formulieren Hellmich & Kiper die Forderungen, „dass alle mathematischen Inhaltsbereiche von Anfang an kontinuierlich behandelt werden" (Hellmich & Kiper 2006, S. 77).

4.1 Bildungsstandards

Ausgelöst durch den PISA-Schock wandelte die Input- zur Output-Orientierung. Im Mittelpunkt stehen heute nicht mehr detailliert ausgearbeitete Inhalte als Vorgabe in sogenannten Lehrplänen für den Unterricht zur Verfügung, sondern der Erwerb von Kompetenzen. Sie sind in den deutschlandweit verbindlichen Bildungsstandards geregelt und geben an, welches Maß an Kompetenzen zu bestimmten Abschnitten innerhalb der schulischen Laufbahn erworben sein sollte (Vgl. Hasemann & Gasteiger 2014, S. 70). In den hessischen Bildungsstandards des Fachs Mathematik ist beispielsweise eine Definition des Kompetenzspektrums für das Ende der zweiten Klasse zu finden (Vgl. HKM 2011, S. 20). Die einzelnen Länder haben die Möglichkeit die Inhalte der Bildungsstandards für ihr Bundesland zu konkretisieren (Vgl. Hasemann & Gasteiger 2014, S. 70ff.).

Die Bildungsstandards der Kultusministerkonferenz (im Folgenden KMK abgekürzt) unterteilen die Kompetenzen in allgemeine und inhaltliche Kompetenzen. Zu den allgemeinen mathematischen Kompetenzen gehören: Problemlösen, Modellieren, Kommunizieren, Argumentieren und Darstellen (Vgl. KMK 2004, S. 6f.). Das Land Hessen hat diese allgemeinen Kompetenzen um eine Kompetenz erweitert – das Umgehen mit symbolischen, formalen und technischen Elementen (Vgl. HKM 2011, S.

12). Diese Kompetenzen sollen in der Auseinandersetzung mit Mathematik erworben werden. Des Weiteren tragen sie maßgeblich zu einer erfolgreichen Nutzung und Aneignung von Mathematik und somit zur Entwicklung einer mathematischen Grundbildung bei (Vgl. Kaufmann 2011, S. 60). Darüber hinaus haben diese allgemeinen mathematischen Kompetenzen laut KMK motivierende Wirkungen, da sie zu Erfolgserlebnissen der Schülerinnen und Schüler in dem Mathematikunterricht beitragen (Vgl. KMK 2004, S. 6). Die inhaltlichen Kompetenzen sind in fünf Leitideen gegliedert, welche zuvor genannt wurden (Vgl. ebd. S. 8).

4.2 Erwartungen der Lehrerinnen und Lehrer an Schulanfängerinnen und Schulanfänger

Die Forderung nach Differenzierung und dem Aufgreifen von Kenntnissen und Fähigkeiten der Schulanfängerinnen und Schulanfänger setzt voraus, dass die Lehrerinnen und Lehrer diese Kenntnisse und Fähigkeiten entsprechend gut einschätzen können. Bezüglich solchen Erwartungen und Einschätzungen von Lehrerinnen und Lehrer gibt es eine Studie von Selter. Den Schulanfängerinnen und Schulanfängern wurden sechs Aufgaben zu arithmetischen Grundkompetenzen gegeben (Aufgaben siehe Anhang III). Die Aufgaben wurden ihnen mündlich gestellt und parallel dazu eine bildliche Darstellung der Aufgabe präsentiert. Die Lösung sollte von den Schülerinnen und Schülern auf dem Bild markiert werden (Vgl. Selter 1995, S. 11ff.).

Die gleichen Aufgaben wurden ebenfalls angehenden und tätigen Grundschullehrerinnen und Grundschullehrern vorgelegt. Sie bekamen die Anweisung zu bewerten, wie viel Prozent der Erstklässlerinnen und Erstklässler zu Schulbeginn diese Aufgaben richtig lösten. Genaue Angaben der Fehlerquoten der Schülerinnen und Schüler, sowie die Einschätzungen der Lehrerinnen und Lehrer sind der Tabelle im Anhang (III) zu entnehmen (Vgl. ebd.).

Die Studie verdeutlicht nochmals, dass der Anfangsunterricht keines Falls die ‚Stunde Null' darstellt, sondern eine hohe arithmetische Grundkompetenz bei den Schulanfängerinnen und Schulanfängern vorhanden ist. Selter kritisiert auf Grund des Ergebnisses Schulbücher und Unterrichtsvorschläge, welche den Eindruck machen, dass sie davon ausgehen, dass Schulanfängerinnen und Schulanfänger keine Vorkenntnisse mitbringen. Er konkretisiert seine Kritik an dem Beispiel der Subtraktionsaufgabe ,10-

8'. Diese Aufgabe wurde von den Wenigsten richtig beantwortet. Sie wurde jedoch immer noch von 50% der Schulanfängerinnen und Schulanfänger richtig gelöst. Selter gibt zu bedenken, dass eine solche Subtraktionsaufgabe meist erst im zweiten Schulhalbjahr der ersten Klasse thematisiert wird (Vgl. ebd. S. 13).

Des Weiteren konnte eine konstante Unterschätzung der Fähigkeiten der Schulanfängerinnen und Schulanfänger durch die Expertinnen und Experten beobachtet werden. Zwar lagen die tätigen Lehrerinnen und Lehrer am nächsten an den präsentierten Kompetenzen der Schülerinnen und Schüler, jedoch unterschätzten sie trotz alle dem die Leistungen (Vgl. ebd. S. 13f.). Selter gibt zu beachten, dass sich auf Grund der Unterschätzung durch die Experten „im Unterricht Erwartungen und Leistungen in nicht-wünschenswerter Weise aneinander angleichen" (ebd. S. 16).

Gleichzeitig warnt Selter vor einer ‚Kompetenzeuphorie'. Viele Kinder haben ein großes Vorwissen, allerdings existieren große Leistungsunterschiede, welche besonders zu beachten sind. Die leistungsschwachen Kinder dürfen nicht übersehen werden. So gab es zum Beispiel Kinder in der Studie, die alle sechs Aufgaben richtig lösten aber auch Kinder, die ausschließlich eine Aufgabe korrekt beantworteten (Vgl. Selter 2008, S. 42).

Ein solcher in der Durchführung vergleichbarer Test wurde bezüglich der geometrischen Fähigkeiten von Schulanfängerinnen und Schulanfänger ebenfalls durchgeführt. Die sechs gestellten Aufgaben und die Ergebnisstatistik sind im Anhang (IV) zu finden. Auch die Ergebnisse dieser Testung zeugen von einer hohen geometrischen Grundkompetenz. Allerdings bereiteten einigen Schülerinnen und Schülern der Begriff ‚Quadrat' (Aufgabe 2) und das Beachten von zwei verschiedenen Dimensionen (Aufgabe 4, 5) Schwierigkeiten. Die Einschätzung der Lehrerinnen- und Lehrer lag nicht konstant unterhalb der tatsächlichen Leistung der Kinder. Bei zwei der sechs Aufgabe wurden die Leistungen sogar etwas überschätzt (Vgl. Käpnick 2014, S. 70f.).

Die Ergebnisse machen deutlich, dass Lehrerinnen und Lehrer der Forderung nach dem Aufgreifen der Kenntnisse und Erfahrungen der Kinder nicht in Gänze gerecht werden können. Ein Zitat von Franke macht in diesem Hinblick die Bedeutung der Ergebnisse der Tests deutlich.

„Eine entscheidende Voraussetzung für erfolgreiches Unterrichten ist die richtige Einschätzung der Kompetenzen der Kinder." (Franke 2007, S. 121).

Es besteht eine gewisse Dringlichkeit, die Ergebnisse der Studie zu verbessern. Um dieser Unterschätzung und dessen negative Auswirkungen entgegenzuwirken, sollten die Lehrerinnen und Lehrer Standortbestimmungen innerhalb der Klasse vor allem im Anfangsunterricht aber auch zu Beginn eines neuen Themas durchführen. Nur so können sie die Kenntnisse und Erfahrungen der Schülerinnen und Schüler in angemessener Weise im Unterricht miteinbeziehen. Außerdem müssen zum einen in dem Lehramtsstudium die Kenntnisse und Gedankenwege der Schülerinnen und Schüler zu Schulbeginn thematisiert und zum anderen die Tendenzen der Unterschätzung innerhalb der Unterrichtsvorschläge beachtet werden (Vgl. Selter 1995, S. 15ff.).

4.3 Didaktische Gestaltung

Ein Unterrichtskonzept, welches diesen eben benannten Anforderungen gerecht wird und zu einem lernförderlichen Anfangsunterricht beiträgt, ist der offene Unterricht. Es ist ein schülerorientierter Unterricht, in dem die Lern- und Denkprozesse der Schülerinnen und Schüler im Mittelpunkt stehen (Vgl. Hanke 2007, S. 110). Die innere Differenzierung wird in der Literatur „als ein konstitutives Moment offenen Unterrichts" (ebd. S. 112) beschrieben. Sie orientiert sich an den heterogenen Kenntnissen und Lernprozessen der Schülerinnen und Schüler. Die Lernumgebung soll jeweils an die einzelne Schülerin, den einzelnen Schüler angepasst werden. Differenziert werden kann nach verschiedenen Kriterien: Lernziel, Lerninhalt, Lernmethode, Lernmedien, Lernzeit und Lernort. Auf diese Weise soll die Heterogenität bei dem gemeinsamen Lernen genutzt und somit soziale Lernprozesse angeregt werden (Vgl. ebd. S. 112f.).

Um eine angepasste Differenzierung vornehmen zu können, muss die Lehrerin/der Lehrer die Kenntnisse und Fähigkeiten jeder Schülerin/jedes Schülers feststellen. Die bereits angesprochene Durchführung einer Standortbestimmung kann hierfür hilfreich sein. Solch eine Standortbestimmung kann zu einem späteren Zeitpunkt in dem Anfangsunterricht wiederholt werden, um den individuellen Lernfortschritt deutlich zu machen und zu würdigen. Generell verhilft es bei der Planung des Unterrichts (Vgl. ebd. S. 91 und 96).

„In der Mathematikdidaktik wurde in den letzten Jahren der Ansatz der sog. *natürlichen Differenzierung* (Wittmann) entwickelt" (ebd. S. 114) wie es Hanke formuliert. Die natürliche Differenzierung ist mit der inneren Differenzierung vergleichbar, jedoch qualitativ zu unterscheiden. Die Lehrkraft führt in ein Themengebiet ein, anschließend arbeiten die Schülerinnen und Schüler, ihrem Fähigkeitsniveau entsprechend, selbstständig weiter. Auf Grund der Selbstständigkeit kommt der Kommunikation der Schülerinnen und Schüler untereinander aber auch mit der Lehrperson eine besondere Bedeutung zu (Vgl. ebd. S. 114).

Im Folgenden soll der Frage nachgegangen werden, wie ein Mathematikunterricht didaktisch zu gestalten ist, sodass die Kinder neue mathematische Sachverhalte und Begriffe lernen. Diesbezüglich müssen die Vorerfahrungen der Schülerinnen und Schüler beachtet werden. Denn, wie schon erwähnt, kann etwas Neues nur mit Verknüpfung bereits Verstandenem gelernt werden. Außerdem erinnern Hasemann & Gasteiger daran, dass ein ‚Nürnberger Trichter' und somit das rein theoretische präsentieren der Inhalte nicht zum Verstehen dessen beiträgt (Vgl. Hasemann & Gasteiger 2014, S. 66).

Ein mathematischer Begriff wird in einem bestimmten Kontext erfahren. Die Bedeutung ist zunächst auf diesen spezifischen Kontext beschränkt. Erst wenn das Kind eigene aktive Handlungen durchführt und in einer sozialen Interaktion mit dem Begriff hantiert, erkennt es die Bedeutung. Diese Erkenntnis geht auf Bauersfeld zurück. Er nennt es eine ‚subjektive Sinnkonstruktion' (Vgl. ebd. S. 66f.).

„Der Sinn der Handlungen und Darstellungen erschließt sich dem Individuum durch eigenes geistiges Tun in der Interaktion mit anderen." (ebd. S. 67).

Die zentrale Rolle des Handelns in dem Verstehensprozess wird ebenfalls bei Piaget und seinen Entwicklungsstufen des logischen Denkens ersichtlich (ausführlicher nachzulesen in Piaget, J. 1967: Psychologie der Intelligenz). Ausgehend von dieser Theorie Piagets hat Bruner das EIS-Prinzip für den Mathematikunterricht in der Grundschule entwickelt (Vgl. ebd.).

„Dabei stehen die Buchstaben E, I und S für drei verschiedene Arten der Darstellung von Sachverhalten und von Wissen: enaktiv (d.h. durch Handlung), ikonisch (d.h. durch Bilder) und symbolisch (d.h. durch Zeichen aller Art, insbesondere auch durch Sprache)." (ebd.).

Dieses Prinzip von Bruner wird in der heutigen Mathematikdidaktik diskutiert. Die Bedeutungen der einzelnen Darstellungsebenen sind bekannt, allerdings wird die Reihenfolge der Darstellungen nicht so starr gesehen. In manchen Fällen kann die ikonische Repräsentation irreführend sein und in anderen Fällen kann das Finden von passenden Handlungen ausgehend von dem mathematischen Zeichen spannend sein. Es ist somit von dem mathematischen Sachverhalt abhängig, „welche Darstellungsebenen sinnvoll zur Unterstützung des Abstraktionsprozesses verwendet werden können" (ebd. S. 68). Bostelmann bezeichnet die Handlung, Erfahrung und Kommunikation als „Grundstein für einen erfolgreichen Mathematikunterricht in der Grundschule" (Bostelmann 2009, S. 94).

Es wird deutlich, „dass Materialien aller Art – konkrete Objekte ebenso wie Bilder und schematische Darstellungen – eine wichtige Funktion im mathematischen Anfangsunterricht haben" (Hasemann & Gasteiger 2014, S. 69). Es gibt eine unüberschaubare Menge an solchem Material. Die Wahl des Materials und der Einsatz sind in Abhängigkeit mit der didaktischen Unterrichtsgestaltung und den Vorerfahrungen der Schülerinnen und Schüler zu bestimmen. Krauthausen & Scherer geben zu beachten, dass das Material nicht als Garantie für das Verstehen anzunehmen ist (Vgl. Krauthausen & Scherer 2007, S. 245ff.). Außerdem muss mit dem Einsatz von Lehr- und Lernmaterial sparsam umgegangen werden, da es sonst schnell zur Überforderung leistungsschwacher Schülerinnen und Schüler führen kann (Vgl. Hasemann & Gasteiger 2014, S. 69). Hellmich & Kiper nennen als goldene Regel für die Anzahl an eingesetztem Lehrmaterial maximal zwei (Vgl. Hellmich & Kiper 2006, S. 78). Die Anzahl der Aufgabentypen im Anfangsunterricht ist ebenfalls minimal zu halten. Dies befürwortet Schipper und fordert, dass die Kinder nicht mit zu vielen verschiedenen Aufgabentypen konfrontiert werden, da sie sich sonst zunächst immer erst mit der Art der Aufgabe auseinander setzen müssen, bevor sie die Aufgabe bearbeiten können. Viel besser ist somit eine geringe Auswahl an Aufgabentypen dafür jedoch diese variantenreich darzubieten. Die Heterogenität der Schülerinnen und

Schüler kann so durch Variationen im Anforderungsniveau, wie zum Beispiel durch unterschiedliche Größen der Zahlen, beachtet werden (Vgl. Schipper 2011, S. 86). Im Folgenden werden zwei wichtige Inhaltsbereiche des mathematischen Anfangsunterrichts vorgestellt. Dabei geht es sowohl um die zentralen Themen, die zu behandeln sind, sowie die didaktische Gestaltung dessen.

4.4 Arithmetik

Der zentralste Inhaltsbereich in der ersten Klasse ist die Arithmetik (Vgl. Radatz u.a. 2008, S.47). In den Bildungsstandards ist sie der Leitidee ‚Zahl und Operation' zuzuordnen (Vgl. HKM 2011, S. 14).

> „Die wesentlichen inhaltlichen Schwerpunkte des Inhaltsfeldes sind Zahldarstellungen, Zahlbeziehungen, Rechenoperationen und das Rechnen in Zusammenhängen, die eng miteinander verbunden sind und aufeinander aufbauen. Sie bilden die Grundlage für alle Rechenfähigkeiten." (ebd.).

Jede Schülerin/Jeder Schüler soll nach den ersten Schulwochen im Zahlenraum bis zwanzig sicher zählen können und somit zumindest die ersten drei Zählprinzipien von Gelman und Gallistel (siehe 2.1) beherrschen. Es ist eine unabdingbare Voraussetzung für die Rechenfertigkeiten in diesem Zahlenraum. In dem Anfangsunterricht sollen daher viele Zählsituationen erzeugt werden, da dies zum Aufbau einer mentalen Vorstellung von dem Zahlenraum beiträgt (Vgl. Hasemann & Gasteiger 2014, S. 87).

> „Die Kinder lernen dabei sowohl die Aufeinanderfolge der Zahlen vor ihrem ‚geistigen Auge' zu sehen als auch ihren ‚Abstand' und ihre Beziehungen zueinander." (ebd.).

Des Weiteren sollen die Schülerinnen und Schüler am Ende der ersten Klasse die Grundrechenarten Addition und Subtraktion in dem Zahlenraum bis zwanzig beherrschen. Sie sollen diese Operationen verstanden und hinsichtlich ihrer Zusammenhänge elaboriert haben (Vgl. Hellmich & Kiper 2006, S. 77f.). Im Folgenden wird der Schwerpunkt auf den Zahlerwerb und nicht auf die Rechenoperationen Addition und Subtraktion gelegt, da dem Zahlerwerb in den ersten Schulwochen eine besondere Wichtigkeit zukommt (Vgl. Hasemann & Gasteiger 2014,

S. 90). Des Weiteren konnte, im Rahmen der später vorgestellten Einzelfallstudie, aus gleichem Grund nur der Zahlerwerb beobachtet werden.

Die Einführung der Zahlen erfolgt durch eine, von der Lehrkraft ausgewählte, konzeptionelle Vorgehensweise. Allgemein können drei Vorgehensweisen unterschieden werden. Eine Vorgehensweise ist das schrittweise Einführen der Zahlen. Die Zahlen werden von eins bis zehn nacheinander eingeführt. Dieses Vorgehen wird als synthetische Methode bezeichnet. In den aktuellen Schulbüchern ist diese Methode nicht mehr zu finden (Vgl. ebd. S. 90f.). Es können jedoch auch einige Zahlen gleichzeitig eingeführt werden. Dies ist eine zweite, kleinschrittige Vorgehensweise. Es wird dann zunächst dieser begrenzte Zahlenraum behandelt und anschließend mit den weiteren Zahlen ergänzt. Eine dritte Variante ist, dass ein größerer Zahlenraum als Ganzes thematisiert wird (Vgl. ebd.). Diese Vorgehensweise hat durch die Erkenntnisse der Studien zu den Vorkenntnissen der Schülerinnen und Schüler eine besondere Bedeutung erhalten (Vgl. Schipper 2011, S. 93). Sie hat zum Ziel das Vorwissen der Kinder zu systematisieren und zu präzisieren. Diese Methode ist seit Mitte der 1990er Jahre in vielen Schulbüchern zu finden und geht mit dem Konzept des aktiv-entdeckenden und sozialen Lernens einher (Vgl. Hasemann & Gasteiger 2014, S. 90-93). Selter favorisiert ebenfalls solch eine ganzheitliche Behandlung des Zwanzigerraums. Er plädiert für das Aufweichen der starren Grenzen, wann welche Zahl behandelt wird. Zahlen, die noch nicht thematisiert wurden, sollen trotz allem nicht verboten werden (Vgl. Selter 1995, S. 15). Padberg & Benz schlagen bezüglich der ganzheitlichen Vorgehensweise vor, den Zahlenraum bis zwanzig für die Verwendung des Zählzahlaspektes zu öffnen. Dieser Zahlenraum kann beispielsweise durch Zwanzigerfelder oder Rechenschiffe dargestellt und somit strukturiert werden. Dies fördert die quasi-simultane Zahlauffassung. Um eine Vertiefung des Zahlverständnisses zu erlangen, sollte der Zahlenraum jedoch auf zehn begrenzt sein. Am Ende des ersten Schuljahres sollte dann der Blick für den Zahlenraum bis hundert geöffnet werden (Vgl. Padberg & Benz 2011, S. 29f. und 39).

Auf Grund des in den vorgestellten Studien (siehe 2.3.3) festgestellten Förderbedarfs im Rückwärtszählen, sollen vor allem in den ersten Schulwochen Situationen erzeugt werden, die dazu animieren (Vgl. ebd. S. 32). Meist wird beim Rückwärtszählen die Zahl Null mit benannt, wohingegen das Vorwärtsaufsagen der Zahlwortreihe meist bei

Eins beginnt. Dies zeigt, dass nur wenige Kenntnisse mit der Zahl und Ziffer Null gemacht wurden. Die Thematisierung der Null muss daher eine besondere Berücksichtigung erhalten. Des Weiteren muss eine differenzierte Sichtweise darauf gelegt werden, da die Ziffer Null nach Padberg & Benz als drei unterschiedliche Zahlarten vorkommen kann - als Kardinalzahl, Zählzahl und Rechenzahl (Vgl. ebd. S. 48ff.).

Bei allen Vorgehensweisen zur Einführung der Zahlen ist die Ziffernschreibweise zu thematisieren und zu üben. Hierbei geht es hauptsächlich um Sicherheit, Präzision und den Bewegungsablauf beim Schreiben von Ziffern (Vgl. ebd. S. 51).

Während dem Erwerb der Zahlen ist die Zuordnung von Mengen, Zahlwort und Ziffer von besonderer Bedeutung. Die Mengen können dabei konkret oder verschieden bildlich repräsentiert werden. Aufgaben der Zuordnung und der Übertragung in eine andere Repräsentation sind hier besonders wichtig. Des Weiteren kann die bereits angesprochene simultane und quasi-simultane Zahlauffassung geschult werden (Vgl. Hasemann & Gasteiger 2014, S. 96f.).

Die Zahlzerlegung fördert die Teil-Ganze Vorstellung und ist ein wichtiges Thema. Sie sollte durch konkrete Handlungen erfahrbar gemacht werden. Möglichkeiten solche Handlungen auszuführen sind unter anderem das Werfen von Wendeplättchen oder der Einsatz von Schüttelboxen. Die daraus resultierenden Ergebnisse sind zu notieren. Durch die Notation werden die Beziehungen der Zahlzerlegungsmöglichkeiten einer Zahl deutlich. Das Thema kann als Überleitung zur Addition verwendet werden (Vgl. Padberg & Benz 2011, S. 41f.). Des Weiteren hilft es bei der Ablösung des zählenden Rechnens, vor allem bei Zehnerübergängen. Die Zahlzerlegung muss daher vor der Thematisierung der Addition und Subtraktion gut geübt sein und durch die Rechenoperationen gefestigt werden (Vgl. Schipper 2011, S. 94).

Neben der eben erläuterten inneren Struktur der Zahlen sind auch die Beziehungen zwischen den Zahlen von Bedeutung. Es geht hierbei zum einen um das Vergleichen und die diesbezüglichen Begriffe (größer als, kleiner als, gleich viel). In diesem Zusammenhang sind Gespräche, wie bereits (in 2.3.3) angedeutet, sehr wichtig. Außerdem ist auf die richtige Verwendung der mathematischen Symbole zu achten. Zum anderen sind in diesem Zusammenhang der Ordnungszahlaspekt und die Reihenfolge der Zahlwortreihe zu thematisieren. Bezüglich der Gestaltung und

Methodik ist es vergleichbar mit der Zahlzerlegung (Vgl. Padberg & Benz 2011, S. 44-47).

In den zwei ersten Schuljahren werden alle vier Grundrechenarten behandelt. Die Schülerinnen und Schüler müssen eine Vorstellung der Rechenoperationen besitzen, welche durch das entsprechende Rechenzeichen aktiviert werden. Es ist daher erforderlich bei der Erarbeitung viele Handlungs- und Sachsituationen zu provozieren und zu ermöglichen (Vgl. Hasemann & Gasteiger 2014, S. 118).

Abschließend soll ein Praxisbeispiel zur Schulung des Umgangs mit Zahlen von Hasemann & Gasteiger dargestellt werden. Es ist ein ganzheitlicher Zugang, der aufzeigen soll, wie an die Vorerfahrungen der Kinder angeknüpft werden kann. Durch Beobachtungen, Erkundungen und Untersuchungen können sie ihre individuellen Erfahrungen erweitern (Vgl. ebd. S. 93).

An dieser Stelle soll kurz auf die Verwendung des Begriffs ‚ganzheitlich' aufmerksam gemacht werden. Es wird unterschieden zwischen der Ganzheitlichkeit hinsichtlich des Inhaltes, beispielsweise den Zahlenraum bis zwanzig als Ganzes zu betrachten und der Methodik, welche das Ansprechen aller Sinne fordert (Vgl. ebd. S. 95).

In dem vorliegenden Beispiel wird der Erkundungsdrang der Kinder aufgrund des neuen Lebensraums, der Klasse mit teils unbekannten Kindern als Ausgangspunkt genommen. Das bedeutet im Zentrum steht ein aktuelles Thema aus der Lebenswelt der Kinder. Sie sollen in einer Gruppenarbeit oder im Plenum verschiedene Fakten über ihre Klasse herausfinden. Es werden Fragen zu Anzahlen bezüglich der Klasse und ihrem Umfeld gestellt. Die Schülerinnen und Schüler sollen die Anzahlen zählen, dabei jedoch Zählstrategien entwickeln und über geeignete Darstellungsformen und Notationsformen nachdenken und diskutieren. Eine Frage kann sein: ‚Wie viele Kinder' sind in der Klasse?'. Diesbezüglich können beim Lösen und Darstellen methodische Fragen diskutiert werden. Beispielsweise könnte jedes Kind nacheinander vorne an die Tafel kommen und einen Strich machen. Sind fünf Striche nebeneinander, kann ein Kasten darum gezeichnet werden. Auf diese Weise kann das Fünferbündeln bei Strichlisten thematisiert werden. Dies strukturiert die zu zählende Menge und kann bei dem späteren Auszählen helfen. Eine weitere Frage kann sein, wie viele Mädchen und wie viele Jungen in der Klasse sind und somit die Frage, ob es mehr Mädchen oder mehr Jungen gibt. Zur Beantwortung kann ebenfalls eine Strichliste angefertigt werden. Es können aber auch Paare gebildet werden. So wird deutlich welches Geschlecht in der Mehrzahl ist.

Des Weiteren kann die Frage nach dem Alter thematisiert werden. Dazu kann ein Säulendiagramm erstellt werden, indem zum Beispiel jedes Kind ein Foto von sich mitbringt und dieses zu dem jeweiligen Alter sortiert. Außerdem kann weiterführend gefragt werden, warum die meisten Schülerinnen und Schüler sechs Jahre alt sind (Vgl. ebd. S. 87-90).

Durch dieses Praxisbeispiel können die Kompetenzen Argumentieren und Vergleichen geschult werden. Außerdem können durch das Darstellen der Lösungen erste Erfahrungen mit dem Darstellen von Daten in Diagramme gesammelt werden. Das Praxisbeispiel ist nicht für den Beginn des Zahlerwerbs geeignet. Allerdings kann durch die Beschränkung des Themenfeldes der Fragen, der Zahlenraum begrenzt werden. In diesem Fall ist eine Beschränkung auf die Klasse vorgenommen worden und somit auf den Zahlenraum bis maximal dreißig. Die Anwendung der Zahlwortreihe wird geschult. Sind größere Anzahlen zu bestimmen, können zum einen für manche Schülerinnen und Schüler noch nicht bekannte Zahlworte gebraucht und dadurch gelernt werden und zum anderen Strategien zur Anzahlbestimmung besprochen und entwickelt werden, so zum Beispiel das Strichlistensystem mit den Fünferpäckchen. Bezüglich der Zählstrategien können des Weiteren das Zählen in beispielsweise Zweiersprüngen angewandt werden (Vgl. ebd. S. 89f.).

4.5 Geometrie

Ausgelöst durch die Mengenlehrereform (die KMK-Empfehlungen vom 3.10.1968) wurden geometrische Inhalte in den Mathematikunterricht der Grundschule aufgenommen. Heute ist die Geometrie in den Bildungsstandard als eine der fünf Leitideen der inhaltsbezogenen Kompetenzen ‚Raum und Form' verankert (Vgl. Schipper 2011, S. 248).

> „Das Inhaltsfeld beinhaltet die Orientierung im Raum und die Entwicklung der Raumvorstellung, das Erkennen, Benennen und Darstellen von geometrischen Figuren, Abbildungen und Körpern sowie das Vergleichen und Messen von Flächen und Rauminhalten." (HKM 2011, S. 14).

41

Trotz dieser Verankerung in die Curricula gilt das Thema heute noch für einige Lehrkräfte als inhaltlicher Puffer, wenn am Ende des Schuljahres noch Zeit zur Verfügung steht (Vgl. Hasemann & Gasteiger 2014, S. 169).

Die Behandlung der Geometrie ist besonders wichtig, da das Leben den Menschen ständig mit geometrischen Gegenständen, Materialien und Begriffen konfrontiert. Außerdem benötigt der Mensch geometrische Grundlagen, um sich im Raum orientieren und zum Beispiel Karten, Pläne und Skizzen lesen zu können (Vgl. ebd. S. 179f.). Dies ist der Grund, warum laut Franke die Raumvorstellung das Hauptthema in der Geometrie ist (Vgl. Franke 2007, S. 27).

Es wird deutlich, dass geometrische Fragen aus der alltäglichen Lebenswelt der Kinder entstehen und solche Inhalte sich somit sehr anschaulich, lebensnah und attraktiv im Unterricht gestalten lassen. Darüber hinaus eignen sich die geometrischen Inhalte zum Entdecken, Begründen und Darstellen (Vgl. Hasemann & Gasteiger 2014, S. 169f.).

Franke fordert bezüglich der Gestaltung des Geometrieunterrichts herausfordernde Situationen mit einer Offenheit bezüglich des Weges zum Produkt zu ermöglichen. Darüber hinaus sollte der Unterricht einem sogenannten ‚Spiralprinzip' folgen. Das bedeutet, die Inhalte des Geometrieunterrichts bleiben von der ersten bis zur vierten Klasse die Gleichen mit verändertem Niveau (Vgl. Franke 2007, S. 20-25).

Um die zuvor benannte Raumvorstellung zu fördern ist die Kopfgeometrie laut Franke besonders geeignet.

> „Die Kopfgeometrie umfasst alle mündlich – im Kopf – zu lösenden geometrischen Aufgaben, die das visuelle Wahrnehmungs- und das räumliche Vorstellungsvermögen schulen." (ebd. S. 66).

Das strikte Verbot zum Lösen hierbei keine Hilfsmittel zu benutzen, wird in der heutigen Mathematikdidaktik nicht mehr so eng gesehen (Vgl. ebd. S. 66f.).

Hellmich & Kiper schlagen bezüglich der Themenabfolge vor, zunächst zweidimensionale Figuren und daran anschließend dreidimensionale Körper auf ihre Eigenschaften, Gemeinsamkeiten und Unterschiede zu analysieren (Vgl. Hellmich & Kiper 2006, S. 79). Diese Reihenfolge ist ebenfalls in einigen Schulbüchern zu finden (Vgl. Hasemann & Gasteiger 2014, S. 184). Franke thematisiert hingegen in ihrem Buch ‚Didaktik der Geometrie' zunächst die dreidimensionalen Körper und anschließend die ebenen Figuren, da unsere Umwelt dreidimensional ist (Vgl. Franke 2007, S. 133).

Die Kinder haben bereits in dem Elementarbereich Erfahrungen durch das Bauen von und mit solchen Körpern sammeln können. Im Grundschulunterricht sollte ebenfalls ein Zugang durch das Bauen ermöglicht werden, jedoch steht nun das Bauen nach bestimmten Vorgaben im Mittelpunkt. Ausgehend von den Bauprodukten der Kinder sind Gespräche darüber zu erzeugen. Des Weiteren können die Kinder selbst ihre Bauaktivitäten protokollieren und somit eigene Bauanleitungen formulieren. Sie arbeiten dadurch auf verschiedene Abstraktionsebenen. Es ist an das EIS-Prinzip von Bruner (siehe 4.3) zu erinnern (Vgl. ebd. S. 134f.).

In der Grundschule werden die Körper „Würfel, Quader, Zylinder, Kugel, Pyramide" (ebd. S. 145) thematisiert. Diese sind zwar in der Umwelt zu finden, allerdings nicht idealtypisch (Vgl. ebd.). Bezüglich des Kennenlernens und des Unterscheidens der Körper schlägt Franke das Ordnen und Sortieren als Herangehensweise vor. Dabei können die Schülerinnen und Schüler entweder selbst entscheiden, nach welchen Kategorien sortiert werden soll (kategoriensuchendes Vorgehen) oder aber ihnen werden von der Lehrkraft Kategorien dafür vorgegeben (kategoriengeleitetes Vorgehen). Es sollten hierbei im Verlauf auch Alltagsgegenstände und somit meist keine idealtypischen Gegenstände verwendet werden. Weitere Aufgaben des Thematisierens von Körpern sind unter anderem die Körperformen auf Abbildungen und Fühlübungen (Vgl. ebd. S. 145-151).

Von den räumlichen Körpern kann auf Grund deren Flächen zu den ebenen Figuren übergeleitet werden. Hierbei ist jedoch der Unterschied zwischen Raum und Ebene zu beachten und die Problematik, dass die Wirklichkeit räumlich ist und somit nur mit idealisierten Gebilden gearbeitet werden kann (Vgl. ebd. S. 181). Die in der Grundschule thematisierten ebenen Figuren sind wie es Franke beschreibt „Kreis, Dreieck, Viereck und als spezielle Vierecke Rechteck und Quadrat" (ebd. S. 199). Vergleichbar mit dem Bauen mit und von Körpern ist das Legen mit und von Figuren, daher wird dies an der Stelle nicht weiter ausgeführt (Vgl. ebd. S. 182). Eine weitere Möglichkeit die ebenen Figuren herzustellen, ist das Spannen auf dem Geobrett (Vgl. ebd. S. 196-199).

Falten und Schneiden sind Grundtechniken, die die Schülerinnen und Schüler bereits in dem Elementarbereich erworben haben sollten und ebenso für das Herstellen von ebenen Figuren angewandt werden können. Jedoch haben einige Schülerinnen und Schüler auch in der ersten Klasse noch Schwierigkeiten mit dem ordentlichen Schneiden und Falten. Daher sollten diese Techniken in der ersten Klasse nochmals geübt werden. Diese Übung kann mit Erfahrungen zur Symmetrie durch das Erstellen von Faltdeckchen, Faltsterne und andere Faltschnitte verknüpft werden. Eine kreative und besonders ansprechende Idee sind diesbezüglich sogenannte ‚Falt- und Schneidegeschichten'. Ausgangslage ist eine geometrische Grundform, welche mit ihrem Aussehen unzufrieden ist. Die Schülerinnen und Schüler erhalten durch die Fantasiegeschichte Falt- und Schneideaufträge, welche die Grundform in ein Tier verwandeln. Diese Bastelergebnisse aber auch Gegenstände aus der Umwelt (zum Beispiel Blätter von einem Baum) können in einer nächsten Unterrichtsstunde auf das Vorliegen einer (Achsen-) Symmetrie untersucht werden. ‚Achsen-' wird in dem Fall bewusst in Klammern geschrieben, da die Schülerinnen und Schüler in der ersten Klasse mit dem Begriff Symmetrie allgemein konfrontiert werden sollten. Erst in der zweiten Klasse sollte ein differenzierter Zugang zu den Symmetrien eingeführt werden (Vgl. Radatz ua. 2008, S. 122ff.).

Wie in dem Beispiel eben schon angedeutet, können ausgehend von Operationen mit Figuren und Körpern Begriffe wie Parallelität und Symmetrie hergeleitet werden (Vgl. Hellmich & Kiper 2006, S. 79). Bruner sieht Letzteres als Grundbegriff der Geometrie an. Symmetrische Figuren können betrachtet, gespiegelt und leicht selbst hergestellt werden. Außerdem können Figuren auf Symmetrie untersucht werden. Bei all dieser Handlungsorientierung ist die Begriffsbildung nicht zu vernachlässigen (Vgl. Hasemann & Gasteiger 2014, S. 177, Begriffsbildung nachzulesen ebd. S. 173-178). Dem widerspricht Schipper, denn er sieht das Lernen von Begriffen in dem Geometrieunterricht als ein untergeordnetes Ziel an. Ihm geht es vielmehr um

„das Lernen des Geometrisierens, das Lernen von Verfahren, von Einstellungen und Haltungen und der Ausbau von Interessen. Damit sind die *Methoden* des Unterrichts oft weitaus wichtiger als die Inhalte. Selbstständiges Handeln, miteinander reden und gemeinsames Reflektieren über die durchgeführten Handlungen stehen im Mittelpunkt." (Schipper 2011, S. 256, Hervorheb. i.O.).

5 Einzelfallstudie

Auf Grund der Literaturrecherche kann vorerst festgehalten werden, dass Kinder bereits vor dem Schuleintritt einige mathematische Erfahrungen und Kenntnisse machen. Sie kommen somit mit heterogenen Kenntnissen und Fähigkeiten in die Schule. Die Lehrerinnen und Lehrer haben dann die Aufgabe, dieser Heterogenität gerecht zu werden, die Kenntnisse aufzugreifen und die Schülerinnen und Schüler somit individuell differenziert zu fördern.

Die Gesamtheit der Ergebnisse der Literaturrecherche sollen im Fazit mit der Praxis anhand einer Einzelfallstudie verglichen werden. Dazu wird zunächst die Studie, welche im Rahmen dieser Arbeit durchgeführt wurde, vorgestellt.

5.1 Rahmenbedingungen

Um die folgenden Beobachtungsprotokolle in Gänze nachvollziehen zu können, werden zunächst die Rahmenbedingungen und somit die agierenden Personen und Institutionen vorgestellt.

Die Beachtung und das Aufgreifen der Kenntnisse eines Schülers seitens der Lehrerin in den ersten zwei Schulwochen ist in der vorliegenden Studie anhand eines Fallbeispiels beobachtet worden. Ziel war es herauszufinden, inwieweit dieses Beachten und Aufgreifen der Kenntnisse stattfindet.

Für die Studie wurde ein Kind ausgewählt, welches in diesem Jahr (2014) in die Schule kam. Das Kind ist ein Junge namens Julius[4]. Er war zu Beginn der Beobachtungen sechs Jahre alt. An dem Alter lässt sich bereits erahnen, dass er letztes Jahr ein sogenanntes Kann-Kind war, jedoch noch nicht eingeschult wurde. Nach Angaben seiner Mutter war er hinsichtlich seiner Persönlichkeitsentwicklung noch nicht für die Schule bereit. Aus mathematischer Sicht hätte es keine Probleme gegeben. Er hatte bereits vergangenes Jahr den Vorbereitungskurs in dem Kindergarten besucht und einen Schulfähigkeitstest absolviert. Diesen hatte er bestanden, weshalb er ihn dieses Jahr nicht wiederholt absolvieren musste.

---

[4] Der Name wurde geändert.

45

Diese Voraussetzungen schienen günstig für die vorliegende Studie, da mit hohen mathematischen Kenntnissen von Julius gerechnet und es somit im besonderen Maße interessant werden kann, inwieweit die Lehrerin darauf reagieren wird.

Um zunächst einen Überblick über die mathematischen Kenntnisse von Julius zu erhalten, wurden Beobachtungen in der Familie und dem Kindergarten durchgeführt.

Zur Familie gehören die Eltern, Julius und seine zwei jüngeren Brüder. Die Brüder sind zwei und vier Jahre alt. Der Vater ist selbstständig. Seine Firma für Garten- und Landschaftsbau ist in dem Wohnhaus integriert. Sie wohnen etwas außerhalb des Dorfes und haben ein großes Gelände auf dem die Kinder sich frei bewegen können. Die Mutter ist von Beruf Lehrerin, befindet sich jedoch zurzeit in der Elternzeit. Julius und seine Brüder besuchten den gleichen Kindergarten. Der Kindergarten ist in der Trägerschaft einer Gemeinde des Kreises Gießen. Julius Gruppe umfasste drei Erzieherinnen und dreiundzwanzig Kinder. Die Kinder waren im Alter von drei bis sieben Jahren.

Julius wurde nach den Sommerferien (September 2014) eingeschult. Beobachtet wurden die ersten zwei Schulwochen, da dies unter anderem als zeitliche Spanne des Anfangsunterrichts definiert wurde (siehe 4). Die Schule befindet sich in der gleichen Gemeinde im Kreis Gießen. Die Klassenlehrerin von Julius ist jung und seit diesem Schuljahr neu an der Schule. Letzteres ist der Grund, warum die Beobachtungen nicht am Dienstag mit der Einschulung sondern erst an dem Donnerstag der Einschulungswoche beginnen konnten. Die Lehrerin wollte zunächst selbst Zeit haben, um sich in der Schule einzufinden. Die Klasse bestand anfangs aus insgesamt siebzehn Schülerinnen und Schüler. In der zweiten Woche kam noch eine neue Schülerin hinzu. So waren es schließlich achtzehn Schülerinnen und Schüler. Die Klasse wurde ausschließlich während des Klassenlehrerunterrichts beobachtet, da die Fachlehrerinnen für Kunst, Musik, Sport und Religion zum Teil mit den Beobachtungen nicht einverstanden waren. Meist wurde der ganze Schultag beobachtet. In den Beobachtungsprotokollen werden jedoch ausschließlich die mathematischen und somit die für die Arbeit relevanten Situationen benannt und beschrieben. In dem Mathematikunterricht arbeitete die Klasse mit dem Lehrwerk und dem dazu passenden Arbeitsheft ‚Super M'. Außerdem besaßen sie ein ‚Hausaufgabenheft', welches von der Lehrerin selbst zusammengestellt wurde. Es bestand aus zusammengehefteten DIN A5

Blättern. Auf jeder Seite war eine Aufgabe gestellt. Die Fachrichtung wechselte dabei hauptsächlich zwischen Deutsch und Mathematik.

Die Beobachtungen fanden im Zeitraum von dem 02.04 bis 19.09.2014 punktuell statt. Insgesamt wurden drei Beobachtungen in der Familie, zwei in dem Kindergarten, eine Beobachtung auf einem Ausflug mit dem Kindergarten in das Mini-Mathematikum nach Gießen und sieben Beobachtungen in der Schule durchgeführt.

5.2 Design der Forschung

Die durchgeführte Studie ist eine qualitative Einzelfallstudie. Die Forschungsart ist qualitativ, da die gewonnenen Daten in besonderem Maße interpretiert werden mussten. In dieser Studie wurden Beobachtungen durchgeführt. Die daraus resultierenden Beobachtungsprotokolle liefern umfangreiche Texte, welche durch eine analytisch interpretative und rekonstruktive Bearbeitung zu qualitativen Daten verarbeitet wurden (Vgl. Strübing 2013, S. 4). Ein weiteres Merkmal der qualitativen Forschung ist, dass ein kleiner Umfang an Daten benötigt wird (Vgl. Brüsemeister 2008, S. 19).

Abzugrenzen ist die qualitative von der quantitativen Forschungsart. In der quantitativen Forschung werden vor allem soziale Phänomene und ihre Eigenschaften gezählt und gemessen. Diese Ergebnisse werden anschließend in Statistiken dargeboten (Vgl. Strübing 2013, S. 4). Um eine aussagekräftige Statistik erstellen zu können, wird im Gegensatz zur qualitativen Studie ein großer Datensatz vorausgesetzt (Vgl. Brüsemeister 2008, S. 19).

Im Zusammenhang mit der Interpretation der Beobachtungsprotokolle wurde bereits die Rekonstruktion angesprochen. Dieser Rekonstruktion kommt in der Studie eine besondere Bedeutung zu.

> „Es sind die auf alltagsweltlichen Interpretationsleistungen beruhenden Sinnzuschreibungen und Situationsdefinitionen der Akteure in den von uns erforschten Feldern, die es im qualitativ-interpretativen Forschungsprozess zu rekonstruieren gilt." (Strübing 2013, S. 3).

Die Einzelfallstudie macht „ein einzelnes Element („Untersuchungseinheit") zum Gegenstand der Analyse" (Reinecker 1999, S. 267) wie es Reinecker beschreibt. Eine solche eben benannte Untersuchungseinheit kann eine einzelne Person aber auch eine Gruppe oder eine Kultur umfassen. Sie ist der Ausgangspunkt der Studie (Vgl. ebd.). Es wird zwischen vier verschiedenen Arten der Realisierung einer Fallstudie unterschieden. Zum einen wird, wie eben angedeutet, unterschieden zwischen Einzelfallstudie und multipler Fallstudie, zum anderen zwischen beschreibender und erklärender Fallstudie. In dem vorliegenden Fall handelt es sich um eine beschreibende Einzelfallstudie, da ein einzelner Fall differenziert dargestellt, die Studie mit der Theorie verglichen wird und diese zu gleich veranschaulichen soll (Vgl. Hussy; Schreier & Echterhoff 2013, S. 199). Die Einzelfallstudie ist ein Verfahren, in dessen Rahmen verschiedene Methoden miteinander kombiniert werden können. Die Methoden sind dabei abhängig von der Forschungsfrage. Da es in der vorliegenden Arbeit um Alltagssituationen in dem Kindergarten, der Familie und schließlich der Schule geht, wird die Methode des Beobachtens verwendet (Vgl. Brüsemeister 2008, S. 55).

Das Beobachtungsverfahren ist nach Flick in fünf Dimensionen zu klassifizieren. Zum einen ist zu klären, inwieweit die Beobachteten über die Durchführung der Beobachtung informiert sind. Sind sie nicht oder nur sehr minimal informiert, ist es eine verdeckte Beobachtung. Das Gegenteil ist die offene Beobachtung. In der vorliegenden Arbeit kennen alle Beteiligten nicht die konkrete Forschungsfrage. Sie wissen ausschließlich das grobe Thema ‚Übergang vom Kindergarten zur Grundschule' beziehungsweise ‚Anfangsunterricht'. Jedoch wissen sie alle, dass Beobachtungen durchgeführt werden. Zusammenfassend ist zu sagen, dass die Beobachtung als solche offen und hinsichtlich des Themas verdeckt ist. Zum anderen ist die Rolle und Teilnahme der Forscherinnen und Forscher zu differenzieren. Ist die Forscherin/der Forscher ein aktives Mitglied in der zu beobachtenden Situation, so wird von einer teilnehmenden Beobachtung gesprochen. Dem gegenüber steht die nicht-teilnehmende Beobachtung. Dies ist der Fall, wenn die Forscherin/der Forscher sich soweit wie möglich aus der zu beobachtenden Situation distanziert und nur das Minimum an Teilnahme erfüllt. Es gibt Mischformen zwischen den zwei Extremen. Ist die Beobachterin/der Beobachter größten Teils aber nicht vollständiger Teilnehmer, so ist es ein Teilnehmer-als-Beobachter. Das Entgegengesetzte ist der Beobachter-als-Teilnehmer (Vgl. Flick 2010, S. 282f.). Ich als Beobachterin habe mich zu einem gewissen Grad in die Aktivitäten integriert, um so die alltäglichen Situationen zum einen nicht zu beeinflussen und zum anderen durch die Interaktion mit den Beobachteten einen tieferen Einblick zu erlangen.

Daher kann in der hier vorgestellten Einzelfallstudie von einem Teilnehmer-als-Beobachter gesprochen werden.

Des Weiteren können Beobachtungen systematisch und somit standardisiert oder unsystematisch und damit offen für Verläufe gestaltet sein. Der in dieser Arbeit durchgeführten Beobachtungen wurden keine starren standardisierten Systeme zu Grunde gelegt, da dies bei dem Beobachten und Miterleben des Alltags größtenteils nicht möglich ist.

Darüber hinaus ist das Setting, wo beobachtet wird, zu unterscheiden (Vgl. ebd.). Empfohlen wird die Beobachtung in dem sogenannten natürlichen Setting durchzuführen. Das bedeutet, die Beobachtungen werden, wie in der vorliegenden Studie, im Alltag und an den natürlichen Orten, wo das zu beobachtende Verhalten in der Regel stattfindet, durchgeführt und nicht in künstlich erstellten Laborsituationen. Auf diese Weise können typische Verhaltensweisen, Routinen und natürliche Kommunikationen registriert werden. Es ist hierbei von hoher Bedeutung, dass der Einfluss der Forscherin/des Forschers so gering wie möglich gehalten wird (Vgl. Brüsemeister 2008, S. 71). Als letztes ist die Unterscheidung zwischen Selbst- und Fremdbeobachtungen zu beachten. In der Studie werden andere Menschen beobachtet, somit liegt eine Fremdbeobachtung vor (Vgl. Flick 2010, S. 282).

Um Beobachtungen zu objektivieren, müssen diese schriftlich festgehalten werden. Dies verhilft dazu, dass Dritte die Beobachtungen nachvollziehen und somit erkennen können, was beobachtet und welcher theoretische Schluss daraus gezogen wurde (Vgl. Brüsemeister 2008, S. 14). Die im Rahmen der Arbeit gemachten Beobachtungen wurden in sogenannten Beobachtungsnotizen direkt nach der beobachteten Situation schriftlich festgehalten. Sie sind beschreibend und nicht bewertend zu gestalten. Da auch Hussy; Schreier & Echterhoff anmerken, dass Bewertungen, Interpretationen und Reflexionen teilweise nötig sind, werden an manchen Stellen solche durch Klammersetzung deutlich gemacht (Vgl. Hussy; Schreier & Echterhoff 2013, S. 241). Zudem wurde ein Forschungstagebuch geführt, in dem Bestandteile des Forschungsprozesses wie zum Beispiel Ideen, weitere Pläne, Gedanken und Empfindungen festgehalten wurden (Vgl. Brüsemeister 2008, S. 81ff.). Im Folgenden werden allerdings ausschließlich die wichtigsten Fakten aus der Beobachtungsnotiz dargestellt und in einem weiteren Schritt interpretiert.

5.3 Beobachtungsprotokolle

5.3.1 Beobachtungen in der Familie und dem Kindergarten

Die Beobachtungen begannen am 02.04.2014 um 12.30 Uhr in der Familie. Ich wurde eingeladen mit ihnen gemeinsam Mittag zu essen. Julius, seine zwei jüngeren Brüder, seine Mutter und ich saßen bei ihnen an dem großen Esstisch im Wohnzimmer. Es gab Hamburger, die am Tisch von jedem selbst zusammengelegt werden konnten, Salat und Pommes. Die Mutter aß nur Salat. Julius merkte zu Beginn an, dass er heute drei Hamburger esse. Seine Aussage bewahrheitete sich. Anfangs lagen sechs Hamburgerbrötchen und neun Frikadellen auf der Servierplatte. Als nur noch zwei Brötchen und fünf Frikadellen übrig waren, stellte Julius fest, dass seine Mutter mehr Frikadellen als Brötchen gemacht hatte. Diese Bemerkung kam ohne sichtbares Zählen mit den Fingern oder ähnlichem.

Julius erzählte während des Essens, dass seine Erzieherin heute im Kindergarten von ihrem Urlaub berichtete. Sie erzählte, dass sie eine große Schildkröte gesehen hatte. Julius verglich die Größe der Schildkröte mit dem Wohnzimmertisch. Die Mutter fragte nach, woher er die Größe wüsste. Er meinte, dass seine Erzieherin die Größe mit einem Tisch im Kindergarten verglichen habe und dieser Tisch genauso groß war wie ihr Wohnzimmertisch.

Plötzlich begann er während des Essens bis zehn auf Englisch zu zählen. Seine Beweggründe dafür wurden nicht ersichtlich.

Auf die Frage seiner Mutter, was er heute in dem Kindergarten gemacht hatte, antwortete er, dass sie von neun bis viertel vor zwölf draußen waren. (Ich stellte mir die Frage, ob Julius bereits die Uhr konnte und nahm mir vor, in weiteren Situationen darauf zu achten und es zu prüfen.)

Er erzählte mir, dass sein Bruder kürzlich Geburtstag hatte und zeigte mir, was er ihm geschenkt hatte. Ich fragte nach dem Datum des Geburtstags. Er antwortete sehr kurz, dass es im März war. Daraufhin fragte ich nochmals nach dem genauen Tag. Nach kurzem Überlegen sagte er, dass es drei Tage nach dem Geburtstag des Vaters war. Ich fragte somit nach dem genauen Geburtstag des Vaters. Julius wusste die genauen Tage nicht mehr, daher antwortete er nochmals kurz, dass sie im März waren. Die Mutter bestätigte die drei Tage Abstand.

Nach dem Essen gingen Julius, seine Brüder und ich nach draußen. Dort sprangen sie auf ihrem großen Trampolin. Julius zählte während des Springens teilweise von zehn rückwärts, um deutlich zu machen, dass er bei null, so hoch wie ihm möglich war, springe. Als Julius aus dem Trampolin herunter stieg, reichte ich ihm helfend die Hand. Daraufhin bemerkte er meine vier Ringe, die ich an den Händen trage. Julius fragte mich, warum ich nicht alle an dem Ringfinger habe. Er stellte fest, dass dann jeweils zwei Ringe an einem Ringfinger wären. Anschließend fantasierte er und meinte, dass wenn zu den jeweils zwei Ringen noch einer dazu gesteckt werden würde, es insgesamt sechs Ringe wären. Er fuhr mit dem Gedanken fort, dass nochmals zwei Ringe hinzukämen und es dann insgesamt acht wären. Wenn nochmals zwei hinzukämen, da musste er kurz überlegen und sagte dann, dass es zehn Ringe wären. Anschließend fuhren die Jungs mit Fahrgeräten wie zum Beispiel einem Kettcar auf dem Hof und dem anliegenden Gelände herum. Ich zog mich aus den Aktivitäten zurück und beendete die Beobachtungen gegen 15 Uhr.

Die nächsten Beobachtungen fanden am 08.04.2014 erstmals im Kindergarten statt. Ich war um 8.40 Uhr dort, um mich den Erzieherinnen von Julius vorzustellen. Bezüglich meiner Beobachtungsgründe gab ich ausschließlich an, dass sich meine Studie auf den Übergang vom Kindergarten zur Grundschule beziehe.

Um 9 Uhr versammelten sich alle Kinder der Gruppe in dem Morgenkreis auf dem Boden. Zuerst überprüfte eine Erzieherin die Anwesenheit und gab mir anschließend kurz Zeit, mich den Kindern vorzustellen. In der Kreismitte standen vier Flaschen in den Farben blau, rot, grün und gelb. Die Erzieherinnen baten die Kinder reihum einen Gegenstand aus dem Raum in einer der dargebotenen Farben zu holen. Sie sollten den anderen Kindern verbalisieren, was sie geholt haben und in welcher Farbe. Danach konnten sie ihren Gegenstand zu der passenden Farbflasche legen. Die Gegenstände lagen nach Farben sortiert in einer Reihe vor der jeweiligen Farbflasche. Als jedes Kind einmal an der Reihe gewesen war, fragte eine Erzieherin nach der Anzahl der blauen Gegenstände in der Mitte. Julius antwortete als erster (sehr schnell) sechs. Diese Antwort stimmte. Es war zu beobachten, dass die anderen Kinder mit Hilfe der Finger die Gegenstände noch zählten, als Julius die Antwort gab. Er nutzte keine Finger, um die Anzahl zu bestimmen. Die nächste Frage war, von welcher Farbe am meisten

Gegenstände in der Mitte lägen. Julius sagte leise die Antwort vor sich hin, meldete sich jedoch nicht und sagte es auch nicht laut. Abschließend wurde nach der Farbe mit den wenigsten Gegenständen in der Mitte gefragt. Ein Kind antwortete, dass es gelb war. Julius reagierte sofort, widersprach der Aussage und stellte fest, dass von rot und gelb gleich viele und von grün am wenigsten Gegenstände in der Mitte lagen. Die Erzieherin bestätigte Julius und fasste alles nochmals zusammen.

Jeden Dienstag nach dem Morgenkreis hatten die Vorschulkinder die Aufgabe, ihr Portfolio fortzusetzen. Die Arbeit am Portfolio bestand darin ein weißes DIN A4 Blatt so zu knicken, dass die Fläche nach dem Auffalten in vier gleich große Rechtecke geteilt wurde. Von links oben nach rechts unten sollten sie in folgender festgelegter Reihenfolge einen Menschen, eine Blume, ein Haus und einen Baum malen. Nach der Fertigstellung sollten sie ihr Blatt selbst lochen und in ihren Schnellhefter einheften. Die Erzieherin erklärte mir, dass anhand der Zeichnungen der Kinder die Entwicklung hinsichtlich der Größenrelationen und Proportionen des Kindes zu erkennen sei. Des Weiteren sollten die Kinder mit dem Einheften der Blätter auf die Schule vorbereitet werden.

In der Spielzeit sollte Julius mir den Kindergarten zeigen und mich durch das Haus führen. Als wir an der Bücherei vorbei kamen, erklärte er mir, dass die Kinder sich gegen eine Leihgabe von zwanzig Cent ein Buch ausleihen dürfen.

Anschließend ging Julius mit zwei Freunden raus in den Garten des Kindergartens. Dort spielten sie mit Baggern im Sandkasten.

Um 11.55 Uhr fand ein Abschlusskreis statt. Alle Kinder der Gruppe versammelten sich wieder wie am Morgen in dem Kreis auf dem Boden. Eine Erzieherin würfelte mit einem großen Softwürfel und fragte die Kinder wie viel sie gewürfelt habe. Julius erkannte sofort die Anzahlen der Würfelaugen. Zum Schluss sangen sie gemeinsam ein Verabschiedungslied. Danach wurden einige Kinder, die nicht zum Mittagessen blieben, abgeholt. Julius wurde gegen 12.10 Uhr mit seinen zwei Brüdern abgeholt und ich verließ ebenfalls den Kindergarten.

An dem 13.05.2014 gingen die Vorschulkinder des Kindergartens zu einem sogenannten ‚Schnupperunterricht' in die Schule. Die Kinder versammelten sich um 9 Uhr in dem Flur des Kindergartens mit einem Erzieher und einer Erzieherin, welche den Vorschulkurs leiteten. Um kurz nach 9 Uhr liefen wir los zur Schule. In der Schule angekommen, wurden wir schon von zwei Lehrerinnen erwartet. Wir gingen gemeinsam in ein Klassenzimmer. Die Lehrerinnen stellten sich vor und stimmten ein Begrüßungslied an. Anschließend konnten die Erzieherin und der Erzieher in das Lehrerzimmer gehen, um dort zu warten. Die Kinder durften ihr mitgebrachtes Frühstück in dem Raum essen. Nachdem sie fertig waren, unterhielt sich die eine Lehrerin in lockerer Atmosphäre mit den Kindern. Währenddessen notierte die andere Lehrerin Auffälligkeiten und besondere Bemerkungen der Kinder. Julius wurde gefragt, ob er sich auf die Schule freue. Diese Frage bejahte er.

Die Lehrerin teilte ihnen ein Arbeitsblatt aus, auf dem insgesamt vier Zeilen waren. In jeder Zeile war zu Beginn eine geometrische Form mehrmals gezeichnet. Diese sollten die Kinder nun nachzeichnen. In der letzten Zeile war ein Muster aus den vorherigen drei Formen abgebildet, welches sie fortsetzen sollten. Die Lehrerin fragte, welche Formen die Kinder sähen. Julius beteiligte sich hierbei nicht. (Er wirkte auf mich müde und daher etwas verträumt.) Als sie das Arbeitsblatt bearbeiten sollten, erledigte dies Julius still und sehr ordentlich. Er hatte jedoch bei dem Muster einen Fehler gemacht. Das Muster war einmal komplett vorgegeben (Dreieck, Kreis, Quadrat) und zusätzlich die erste Form wiederholt (Dreieck). Dies hatte Julius jedoch nicht wahrgenommen und somit das Muster mit einem Dreieck fortgesetzt. Außerdem haben die Kinder noch ein weiteres Arbeitsblatt bekommen, auf dem sie einen Clown ausmalen durften.

Während die Kinder die zwei Arbeitsblätter bearbeiteten, riefen die zwei Lehrerinnen die Kinder nacheinander zu verschiedenen Stationen zu sich. Unter anderem gab es eine mathematische Station. An dieser Station spielte die Lehrerin zunächst ein Würfelspiel mit dem jeweiligen Kind. Das Kind und die Lehrerin würfelten jeweils einmal und anschließend stand die Frage im Raum, wer mehr gewürfelt habe. Danach würfelte die Lehrerin mit zwei Würfeln gleichzeitig und fragte wie viel sie nun gewürfelt habe. Dies wiederholte sie insgesamt dreimal. Julius antwortete die ersten beiden Male eins zu viel. Jedoch korrigierte er sich, sobald die Lehrerin ihn darum bat nochmals genau nachzuzählen. Bei dem dritten Mal nannte er sofort das richtige Ergebnis. Danach fragte die Lehrerin wie weit er denn zählen könne. Julius antwortete ihr, dass er bis hundert zählen kann und begann die Zahlwortreihe aufzusagen. Die Lehrerin unterbrach ihn bei zwanzig und forderte ihn auf, ab 72 weiterzuzählen, was er auch ohne lange nachzudenken, machte. Bei 85 unterbrach sie ihn ebenfalls und meinte, dass sie nun sicher wüsste, dass er bis hundert zählen könne.

Die Lehrerin legte zehn Steckwürfel in einer Reihe auf den Tisch und fragte Julius nach der Anzahl der Steckwürfel. Er antwortete ohne die Steckwürfel durch Berührung gezählt zu haben, dass es zehn waren. Dann forderte die Lehrerin Julius Aufmerksamkeit und legte zu jedem blauen Steckwürfel einen roten hinzu. Daraufhin stellte sie erneut die Frage nach der Anzahl der Steckwürfel. Julius antwortete sofort, dass es zwanzig waren. Als sie die blauen Steckwürfel nah aneinander schob, bat sie Julius nochmals genau hinzuschauen. Die roten Steckwürfel lagen nun in einem weiteren Abstand zueinander, aber parallel zu der blauen Reihe. Die Lehrerin fragte nach der Reihe, in der mehr Steckwürfel lagen. Julius antwortete, dass es immer noch gleich viele waren. (Seine Antwort klang etwas empört, da diese Frage aus seiner Sicht vollkommen unsinnig war.)

Als alle Kinder alle Stationen besucht und die Arbeitsblätter fertig bearbeitet hatten, teilten die Lehrerinnen Scheren aus. Jedes Kind sollte seinen ausgemalten Clown ausschneiden. Dabei beobachteten sie das Schneideverhalten der einzelnen Kinder. Abschließend sangen sie nochmals das Begrüßungslied und forderten die Kinder auf, mit zu singen.

Die Erzieherin und der Erzieher versammelten sich mit den Kindern auf dem Schulhof und traten den Rückweg in den Kindergarten an. Auf dem Weg fragte Julius mich, wie viel Uhr es sei. Ich hielt ihm fordernd meine Armbanduhr hin. Er schaute drauf, überlegte kurz und sagte, dass es halb zwölf war. Es stimmte, es war halb zwölf. Kurz vor zwölf waren wir am Kindergarten angekommen. Julius Mutter war bereits da, um ihn und seine Brüder abzuholen. Ich verließ den Kindergarten ebenfalls.

Einen Tag später (14.05.2014) wurden wieder Beobachtungen in der Familie durchgeführt. Gegen 14 Uhr erreichte ich ihr Haus. Ich hatte das ‚Farben und Formen Spiel' mitgebracht. Nach einer kurzen Phase des Ankommens und Begrüßens der Eltern sowie der Brüder fragte ich Julius, ob er das Spiel mit mir spielen möchte. Er sagte, dass er das bereits aus dem Kindergarten kenne, aber trotzdem mit mir spiele. Sein vierjähriger Bruder bat darum, mitspielen zu dürfen. Julius willigte ein. Jede Spielerin/jeder Spieler erhielt ein Brett mit einem Bild. Auf dem Bild fehlten einige

Teile in geometrischen Formen und bestimmten Farben. Diese fehlenden Teile musste die Spielerin/der Spieler sich erwürfeln. Es gab einen Würfel auf dem Formen abgebildet waren und einen mit Farben. Ziel des Spiels war es, sein Bild zu vervollständigen. Julius sagte stets die richtige Farbe, die er gewürfelt hatte oder die er noch benötigte. Wenn sein kleiner Bruder mal eine Farbe falsch benannte, korrigierte er ihn sofort. Die Grundformen Kreis, Dreieck und Viereck erkannte und benannte Julius richtig. Ihm fiel im Laufe des Spieles auf, dass es zwei verschiedene Viereckformen gab. Er legte ein Quadrat und ein Rechteck nebeneinander und fragte mich, ob es denn beides Vierecke seien. Ich bejahte zunächst die Frage und forderte ihn auf, den Unterschied zu erklären. Nach kurzem Überlegen sagte er, dass das eine Viereck länger sei. Ich bestätigte seine Aussage und führte aus, dass das Rechteck je zwei gleichlange Seiten hat, während bei dem Quadrat alle Seiten gleichlang sind. In dem Folgenden Spielverlauf nannte Julius das Rechteck ‚längliches Viereck‘, obwohl ich ihm nochmals erklärte, dass es Rechteck heißt.

Als er einen Halbkreis würfelte, schaute er sich die Form einen Moment an, nahm einen Kreis zum Vergleich und sagte, dass es ein halber Kreis also ein Halbkreis sei.

Generell überprüfte Julius während des Spiels ständig, wem wie viele Teile noch fehlten. (Er benutzte dabei die Worte ‚weniger‘, ‚gleichviel‘ und ‚mehr‘ richtig). Zum Schluss gewann Julius das Spiel.

Sein Bruder hatte keine Lust mehr mitzuspielen und Julius holte ein anderes Spiel. Er holte zunächst (interessanterweise ohne einen Kommentar meinerseits oder seitens der Eltern) einen LÜK-Kasten mit einem passenden Aufgabenheft. Nachdem er zweimal die Zahlen in der richtigen Reihenfolge gelegt hatte, suchte er eine neue Aufgabe in dem Heft. Sie bestand in dem Zuordnen von Abbildungen. Auf einer Abbildung war ein Fisch in einer bestimmten Farbe und in einer bestimmten Richtung schwimmend abgebildet. Auf der dazu passenden Abbildung waren ein Farbklecks in der entsprechenden Farbe des Fisches und ein Pfeil, der in die Schwimmrichtung des Fisches zeigte, abgebildet. Diese Zuordnungsaufgabe löste er ziemlich schnell und fehlerfrei.

Als Nächstes suchte er sich eine Spiegelungsaufgabe aus. Die passenden Abbildungen mussten wieder zugeordnet werden. Es waren verschiedene Formen und deren Spiegelbild abgebildet. So zum Beispiel ein Dreieck mit der Spitze nach rechts zeigend und entsprechend das Spiegelbild mit der Spitze nach links zeigend. Diese Aufgabe verstand er nicht, war sehr schnell demotiviert und brach das Spiel ab. Er holte stattdessen das Schlumpf Memory und wir spielten es gemeinsam mit seiner Mutter und seinem vierjährigen Bruder. Als alle Karten aufgedeckt waren, verglich Julius wer am meisten Karten hatte. (Die Begriffe zum Vergleich ‚weniger', ‚gleichviel' und ‚mehr' nutzte er hierbei ebenfalls richtig.) Ich hatte sechs Kartenpaare, welche ich in der Art der Würfelaugen angeordnet auf den Tisch legte. Julius bemerkte sofort, dass es sechs Paare waren. Angeregt durch die Anordnung meiner Karten legte Julius alle sechs Würfelbilder mit den Karten auf den Tisch.

Nach dem Memory Spiel war es schon 16.30 Uhr. Ich verabschiedete mich und die Mutter brachte Julius in den Kinderchor der Kirchengemeinde.

Am 24.06.2014 fuhren die Vorschulkinder des Kindergartens mit ihrer Erzieherin und ihrem Erzieher in das Mini-Mathematikum nach Gießen. Da ich an diesem Morgen eine Klausur schrieb, vereinbarte ich mit der Erzieherin und dem Erzieher, dass ich gegen 10 Uhr zu ihnen ins Mathematikum stoßen würde.

Als ich, wie vereinbart, um kurz vor 10 Uhr im Mathematikum ankam, stand Julius gerade an dem Spiegel-Zeichentisch. Aufgabe war es, die Form eines Sterns oder eines Fisches in dem dafür vorgegebenen Rahmen nachzuspuren. Die Schwierigkeit dabei war, dass nicht auf das Blatt direkt geschaut werden konnte, sondern nur indirekt durch einen Spiegel. Julius beschwerte sich bei mir, dass es sehr schwierig sei und er ständig über die Linie zeichnen würde. Auf die Frage nach der Ursache der Schwierigkeit sagte er, dass er das Blatt nicht sehen könne.

Anschließend ging Julius zu dem Zahlentisch. Es war ein kleiner runder Tisch, welcher zwölf Fächer hatte. Über jedem Fach stand eine Zahl, die durch einen typischen Gegenstand in dem Fach repräsentiert wurde. Julius begann sich ab der Zahl Drei die Fächer genauer anzuschauen. Die Erzieherin kam zu ihm und fragte ihn nach der repräsentierten Zahl des Faches vor dem er stand. Julius schwieg. Die Erzieherin forderte ihn auf zu erzählen, was er sehe. Er antwortete, dass da zwei Kinder seien, die Fahrrad fuhren. Die Erzieherin forderte ihn auf, nochmals genau hinzuschauen, ob es ein Fahrrad sei. Julius schwieg. Die Erzieherin löste auf und sagte, dass es ein Dreirad sei und fragte erneut, um welche Zahl es sich somit handele. Julius schwieg weiterhin.

(Ich hatte den Eindruck, dass er den Sinn des Tisches und die damit verbundene Aufgabe noch nicht verstanden hatte). Die Erzieherin fasste zusammen, dass es ein Dreirad sei und somit die Zahl Drei darstelle. Sie gingen gemeinsam zu dem nächsten Fach. Bei der Zahl Vier waren die vier Jahreszeiten abgebildet. Julius schwieg erneut, woraufhin seine Erzieherin meinte, dass er sich die Bilder genau anschauen und ebenfalls beschreiben solle, was er sehe. Sie beschrieben gemeinsam die Bilder und schlussendlich gab die Erzieherin erneut die Antwort. Die Felder der Zahlen Fünf und Sechs wurden kommentarlos übersprungen. Bei dem Feld für die Zahl Sieben waren die sieben Zwerge und Schneewittchen abgebildet. Julius beanstandete sofort, dass es aber keine sieben sondern acht Personen seien. (Mir schien es, als wurde ihm der Sinn des Tisches nach und nach bewusst.) Bei der Zahl Acht sagte er sofort, dass eine Spinne acht Beine habe. Die Neun wurde ebenfalls übersprungen und bei der Zehn waren zehn Finger abgebildet. Die erkannte Julius ohne nachzuzählen. Bei der Elf war eine Fußballmannschaft mit elf Fußballfiguren zu sehen. Die Zwölf wurde durch eine Uhr mit dem Zwölfstundenzyklus repräsentiert. Der Zusammenhang der Zwölf und der Uhr war Julius nicht bekannt. Er sagte nur, dass die Zwölf auf der Uhr zu finden sei.

Anschließend wollte Julius mir die rot-blaue Kugelbahn zeigen. Er sagte voreilig, dass die rote Bahn schneller sei und fragte mich anschließend nach meiner Meinung. Ich tippte ebenfalls auf rot und fragte zurück, warum er die rote Bahn vermute. Er antwortete, dass er diese Station schon mal gemacht habe, als ich noch nicht da war. Ich ernannte ihn zum Experten und forderte ihn somit auf, den Grund für die Schnelligkeit der roten Bahn zu erklären. Er meinte die rote Bahn sei schneller, weil die Kugel zunächst den Berg runter lief und dadurch mehr Schwung habe. (Ob er sich die Antwort selbst hergeleitet hatte oder ihm diese zuvor gegeben wurde, konnte nicht herausgefunden werden.)

An dem Knobeltisch wählte er eine Aufgabe mithilfe kleiner quadratischer Kärtchen ein großes Quadrat zu legen. Die Diagonale des Quadrates war durch die kleinen Quadrate, durch die die Diagonale verläuft vorgegeben. Anfangs hatte er Schwierigkeiten und kam praktisch immer aus dem Feld des Quadrats heraus, da er die Diagonale als solche nicht beachtet hatte. Als er nochmals den Hinweis bekam, dass bei einem Quadrat alle Seiten gleich lang seien, schaffte er es, die Aufgabe zu lösen. Dieser Hinweis war offensichtlich hilfreich für ihn gewesen. Zusätzlich war ein Muster auf dem Quadrat abgebildet, welches ebenfalls bei dem Legen der kleinen Quadrate zu beachten war. Das Muster hatte bei Julius zwei Fehler, jedoch war dies für ihn uninteressant. Er freute sich, das Quadrat gelegt zu haben.

Zum Abschluss durfte sich jedes Kind einmal in die große Seifenblase stellen. Die Kinder, ihre Erzieherin und ihr Erzieher fuhren dann mit dem Zug wieder nach Hause.

5.3.2 Zwischeninterpretationen

Die Fragestellung ‚Inwieweit werden mathematische Kenntnisse und Fähigkeiten von Schülerinnen und Schülern in dem Mathematikunterricht in den ersten Schulwochen aufgegriffen?‘ fordert zunächst zu definieren, welche beziehungsweise in welchem Umfang der Schüler im Fallbeispiel bereits mathematische Kenntnisse und Fähigkeiten vor dem Schulbeginn besaß.

Auf Grund der Beobachtungen in der Familie und in dem Kindergarten ist zusammenfassend festzuhalten, dass Julius bereits umfangreiche Kenntnisse und Fähigkeiten in dem mathematischen Bereich erworben hat. Meiner Ansicht nach haben einige Faktoren wie das Familienleben, die Selbstständigkeit des Vaters, der Beruf der Mutter sowie Julius Alter und sein Besuch des Vorschulkurses im vergangenen Jahr dazu beigetragen. Es ist in vielen alltäglichen Situationen deutlich geworden, dass Julius in dem Zahlenraum bis hundert zählen kann. Er beherrscht die Zahlwortreihe so gut, dass er von einer beliebigen Zahl weiterzählen und auch in zweier Schritten zählen kann (siehe das Zählen meiner Ringe an den Fingern). Außerdem kann er die Zahlwortreihe zumindest von zehn bis null rückwärts aufsagen. Bei dem Abzählen einer Menge benötigt er keine Hilfsmittel. Außerdem wurde sichtbar, dass er strukturierte Mengen wie Würfelaugen sehr schnell erfassen kann. Auf Grund der Beobachtungen kann festgehalten werden, dass Julius in dem Erwerb der Zahlwortreihe nach Fuson auf der Entwicklungsstufe ‚Flexible Zahlwortreihe‘ steht. Für die Zuordnung auf die Stufe ‚vollständig reversible Zahlwortreihe‘ fehlen Beobachtungen hinsichtlich des Zählens über hundert hinaus. Außerdem konnte nicht beobachtet werden, ob er bereits Einblicke in die Zusammenhänge der Addition und Subtraktion hat (siehe 2.1).

Auf Grund seiner sicheren Zählkompetenz kann vermutet werden, dass die Schwierigkeiten an dem Zahlentisch im Mini-Mathematikum nicht auf mangelndes Wissen zurückzuführen sind. Meiner Meinung nach waren einige Repräsentanten nicht

58

ausreichend eindeutig, wie zum Beispiel das Schneewittchen und die sieben Zwerge. Dies bemängelte Julius ebenfalls, da es insgesamt acht Figuren sind. Außerdem hatte ich den Eindruck, dass Julius zu Beginn die Aufgabe dieses Tisches nicht bewusst war. Die geometrischen Grundformen sind ihm bekannt. Allerdings hat er noch Schwierigkeiten mit den differenzierten Begriffen wie Quadrat und Rechteck, wie es bei dem Farben und Formen Spiel zu erkennen war. Während diesen Spielen wurde ebenfalls deutlich, dass Julius die Farben richtig benennen kann. Dies zeigte er ebenfalls bei der Aufgabe mit den Fischen im LÜK-Kasten. Zusätzlich wurde dabei deutlich, dass er die Richtungen vergleichend unterscheiden und in die Abbildung eines Pfeils übertragen kann. Mit Begriffen wie weniger, mehr und gleichviel geht er sicher um. Dies wurde in einigen Spielsituationen sichtbar.

Des Weiteren kann er die Uhr zumindest in Ansätzen lesen, wie es bei den Berichten aus dem Kindergarten und dem Uhrlesen auf dem Weg zum Kindergarten zu beobachten war.

Mit dem Themenbereich Spiegelung hat Julius Erfahrungen sammeln, jedoch nicht nachvollziehen und verstehen können.

Während des Schnupperunterrichts hatte er Probleme bei dem Zusammenrechnen beziehungsweise Abzählen der Würfelaugenanzahl von zwei Würfeln. Er nannte die ersten zwei Male die Anzahl um ein Würfelauge zu viel. Vermutlich versuchte er die Würfelaugen zusammenzurechnen und hat diesbezüglich noch Schwierigkeiten oder aber er hatte das Kardinalzahlprinzip bei dem Abzählen nicht beachtet. Letzteres ist weniger vorstellbar, da er dies in anderen Situationen korrekt anwandte. Des Weiteren konnte bei dem Zusammenschieben der Steckwürfel deutlich werden, dass Julius die Invarianz der Anzahl verstanden hat. In den Beobachtungen wurde deutlich, dass Julius sich über die diesbezügliche Frage lustig machte, da die Antwort für ihn offensichtlich war.

Die folgenden Beobachtungsprotokolle bezüglich der Beobachtungen in dem Anfangsunterricht werden zeigen, inwieweit Julius Kenntnisse von der Lehrerin aufgegriffen und aber auch von ihm eingebracht wurden.

5.3.3 Beobachtungen in dem Anfangsunterricht

Wie schon eingangs erwähnt, konnte ich meine Beobachtungen erst am Donnerstag der Einschulungswoche beginnen. Aus diesem Grund fuhr ich am Mittwoch den 10.09.2014 zu Julius nach Hause, um herauszufinden, was sie bisher in der Schule gemacht hatten und ob sie bereits die ersten Mathematikstunden hatten. Julius berichtete ausschließlich von der Sitzordnung in seiner Klasse und, dass sie ihr erstes Deutscharbeitsblatt in den Schnellhefter heften durften.

Da Julius am Dienstag den 09.09.2014 sieben Jahre alt wurde und somit Geburtstag und Einschulung auf einen Tag fielen, war er noch sehr mit seinen Geschenken beschäftigt. Er hatte unter anderem ein Lego Auto bekommen, was er noch zusammenbauen wollte. Er bat mich, ihm zu helfen. Allerdings benötigte er nur sehr selten meine Hilfe. Julius baute ordentlich und nach Anleitung. (Es hat mich erstaunt, wie gut er die Abbildungen der Anleitung verstehen und nachvollziehen konnte.) Er arbeitete zwei Stunden konzentriert an dem Bau des Autos. Als das Auto fertig war, verließ ich die Familie.

Am Donnerstag den 11.09.2014 begannen die Beobachtungen in der Grundschule. Die Klasse hatte zur zweiten Stunde Unterricht. Zu Beginn dieser Stunde stellte ich mich vor und die Lehrerin klärte mit der Klasse Organisatorisches. Es folgte eine große Pause. Anschließend führte die Lehrerin eine Kenntnisstanderhebung in Mathematik mit den Kindern durch. (Die ausgefüllte Erhebung von Julius ist im Anhang V zu finden.) Diese Erhebung stammt von Hacker; Lammel & Wichmann (2005) und ist ein sogenannter Paper-Pencil-Test. Die Erhebung bestand aus zusammengehefteten DIN A5 Blättern. Auf jeder Seite war eine Aufgabe abgedruckt. Die Lehrerin erklärte zunächst alle Aufgaben frontal. Anschließend wurden die Hefte ausgeteilt und die Schülerinnen und Schüler begannen, die Aufgaben zu bearbeiten. Julius war der Zweite der fertig war und das Heft abgab. Er bearbeitete die Aufgaben leise und konzentriert. Eine Aufgabenstellung (8 Muster fortsetzten) forderte, ein Muster aus drei geometrischen Formen, mit verschiedenen Strichen enthalten, fortzusetzen. Bei dieser Aufgabe hatte die gesamte Klasse inklusive Julius Schwierigkeiten. Zunächst machte Julius bei dieser Aufgabe einen Fehler, diesen bemerkte er jedoch noch selbst und korrigierte ihn. Das Deckblatt des Hefts war eine leere Seite. Die Kinder, die die Aufgaben fertig bearbeitet hatten, konnten Zahlen und Rechenaufgaben darauf schreiben, die sie schon kannten.

Julius schrieb sein Alter, seine Hausnummer und anschließend alle Zahlen bis elf auf.
Zu mehr hatte er nach seinen Angaben keine Lust.

Jede Schülerin/Jeder Schüler bekam für diese Erhebung soviel Zeit wie benötigt wurde.
Julius war nach zwanzig Minuten fertig. Andere Mitschülerinnen und Mitschüler saßen
noch bis in der darauffolgenden Unterrichtsstunde an den Aufgaben. (Die Heterogenität
der Kinder wird an dieser Stelle deutlich.) Die Lehrerin sammelte alle Hefte ein und
nahm sie zum Korrigieren mit nach Hause.

Während der zweiten Pause unterhielt ich mich mit der Lehrerin über die Erhebung. In
diesem Zusammenhang erzählte sie mir, dass sie solch eine Erhebung durchführen
musste, da sie keine Informationen zu den Kindern bezüglich Schulfähigkeitstests oder
Tests, welche an der Schule im Schnupperunterricht durchgeführt wurden, bekommen
hatte. Außerdem wurde sie nicht darüber unterrichtet, ob oder inwieweit eine
Kooperation mit den Kindergärten der Gemeinde existierte. (Ob sie sich selbst durch
Nachfragen um solche wichtigen Informationen gekümmert hatte, konnte nicht
festgestellt werden.)

Am Freitag den 12.09.2014 hatte die Klasse wieder zur zweiten Stunde Schule. Die
Lehrerin begrüßte die Schülerinnen und Schüler und bat sie, sich in den Kreis zu setzen.
Der Sitzkreis befindet sich in der linken hinteren Ecke des Raumes. Es stehen Bänke
und in der Mitte zwei Tische. Die Lehrerin hielt ein Brett hoch, auf dem das Datum, die
Jahres- und Uhrzeit sowie das Wetter eingestellt werden kann. Sie fragte die Klasse,
was sie verstellen solle. Die Schülerinnen und Schüler gaben den entsprechenden Tag
an. Daraufhin fragte sie nach dem Monat. Keine Schülerin/Kein Schüler konnte die
Frage beantworten. Sie sprach Julius gezielt an und meinte, dass er es bestimmt wisse,
da er in diesem Monat Geburtstag habe. Julius überlegte kurz und sagte, dass es
September sei. Bei dem weiteren Einstellen beteiligte sich Julius nicht. Zum Schluss
war noch die Uhrzeit zum Einstellen übrig geblieben. Diese stellte die Lehrerin, ohne
die Schülerinnen und Schüler zu fragen, selbst ein. Anschließend stellte sie das Brett zur
Seite und legte zehn gleichfarbige Plättchen in einer Reihe auf den Tisch. Sie fragte
nach der Anzahl der Plättchen. Viele Schülerinnen und Schüler standen auf und
versuchten mit dem Finger die Plättchen zu berühren und auf diese Weise die Anzahl zu
bestimmen. Die Lehrerin forderte die Schülerinnen und Schüler auf, sich wieder

hinzusetzen und ohne Finger die Anzahl herauszufinden. Julius blieb von Anfang an sitzen und sagte leise vor sich hin, dass es zehn waren. Allerdings meldete er sich nicht. Anschließend zeigte sie ein Kärtchen mit einer Ziffer draufstehend. Sie forderte einen Schüler auf, die Zahl zu benennen und dementsprechend viele Plättchen in die Mitte zu legen. Es ging dabei um die Zahlen von eins bis sechs in gemischter Reihenfolge. Als letztes zeigte sie die Ziffer Null. Julius hielt sich während dieser Arbeitsphase sehr zurück.

Die nächste Anweisung lautete, dass die Schülerinnen und Schüler in Partnerarbeit mit zehn Plättchen an ihren Platz zurück sollten. Ihre Aufgabe bestand darin, sich gegenseitig eine Zahl zu nennen und diese Anzahl mit den Plättchen auf den Tisch legen. Eine Begrenzung des Zahlenraums gab sie nicht vor jedoch indirekt durch die zehn Plättchen pro Gruppe. Julius arbeitete in einer Dreiergruppe. Diese Aufgabe löste er ohne Probleme. Während dieser Arbeitsphase ging die Lehrerin durch die Klasse und lauschte den Gesprächen.

Nach fünf Minuten beendete die Lehrerin die Phase und teilte den Schülerinnen und Schüler ein Arbeitsblatt aus. Auf dem Arbeitsblatt war ein Bild abgebildet. Darunter war jeweils ein Tier dargestellt, welches in dem Bild mindestens einmal zu finden war. Aufgabe war es, die Anzahl des jeweiligen Tieres zu ermitteln. Die Anzahlen lagen zwischen eins und sechs. Die Lehrerin stellte den Schülerinnen und Schülern frei, ob sie die Anzahlen durch Punkte oder durch die Ziffern notierten. Julius löste die Aufgabe, indem er die Ziffern aufschrieb. Bei dem Vergleichen der Lösungen beteiligte sich Julius ebenfalls nicht. Die Lehrerin notierte die Ergebnisse in beiden Notationsformen an der Tafel.

Als Hausaufgabe teilte sie ein Arbeitsblatt aus, auf dem die Schülerinnen und Schüler ebenfalls abgebildete Gegenstände zählen mussten. Die Anzahl sollten sie in einem zwanziger Punktestrahl einzeichnen. Das System des zwanziger Punktestrahls wurde von ihr nicht thematisiert.

Nachdem die Schülerinnen und Schüler ihre Sachen in den Ranzen gepackt hatten, gingen sie bis zum Unterrichtsende auf den Schulhof spielen.

An dem 15.09.2014 hatte die Klasse eine Stunde Klassenlehrerunterricht. In dieser Stunde konnten die Schülerinnen und Schüler von ihrem Wochenende berichten.

Anschließend hatten sie zwei Stunden Sport. Es wurden daher an diesem Tag keine Beobachtungen durchgeführt.

Am Dienstag den 16.09.2014 hatte die Klasse von der ersten bis zur fünften Stunde Unterricht. Allerdings waren die letzten zwei Stunden Kunst und Religion, welche aus oben angegebenem Grund nicht beobachtet wurden. Die Lehrerin begrüßte die Klasse und bat sie in den Sitzkreis. Zunächst wurden wieder das Datum und das Wetter auf dem Brett eingestellt. Die Uhrzeit stellte die Lehrerin selbst ein, obwohl einige Schülerinnen und Schüler eine Armbanduhr trugen. Anschließend legte sie Karten mit Würfelaugen, mit Strichen und mit Fingern auf den Tisch. Diese Abbildungen auf den Karten repräsentierten die Zahlen von eins bis sechs. Sie forderte die Schülerinnen und Schüler auf, die Karten zu sortieren. Die Schülerinnen und Schüler sortierten die Karten ausschließlich nach den Kategorien der Abbildung und deren Anzahlen. Als alle drei Reihen gelegt waren, begannen zwei Jungen darüber zu diskutieren, wie viele Punkte insgesamt auf den sechs Karten mit den Würfelaugen abgebildet seien. Anschließend zählten sie die Gesamtanzahl der Striche. Die Lehrerin ging auf die Gesamtanzahl ein, jedoch nicht auf die Frage, ob überall eine gleiche Gesamtanzahl sei. Sie legte zusätzlich noch Ziffernkärtchen in die Mitte. Diese wurden von einer Schülerin ebenfalls separat sortiert in eine Reihe gelegt. Die Lehrerin begann daraufhin die Reihen parallel zu legen, sodass die unterschiedlichen Repräsentationen einer Anzahl nebeneinander lagen. Sie bat die Schülerinnen und Schüler, die Augen zu schließen und vertauschte zwei Karten. Anschließend durften sie die Augen wieder öffnen, den Fehler suchen und korrigieren. Dieses Spiel wiederholte die Lehrerin dreimal.

Danach forderte sie die Schülerinnen und Schüler auf, auf den Platz zurück zu gehen und das Mathe Arbeitsheft auf der Seite zwei aufzuschlagen. Auf dieser Seite waren verschiedene Gegenstände in verschiedenen Anzahlen dargestellt. Die Schülerinnen und Schüler sollten die Zahl mit der passenden Anzahl verbinden. Julius und auch ein Großteil seiner Mitschüler hatten Schwierigkeiten bei der Abbildung eines Würfelturms, bei dem ein Würfel nicht direkt gesehen werden konnte. Die Lehrerin reagierte auf das Problem in dem sie genau solch einen Würfelturm in der Klasse nachbaute. Jede Schülerin/Jeder Schüler konnte zu dem Turm gehen und die Würfel nachzählen. Julius war mit dem Bearbeiten dieser Seite als Zweiter der Klasse fertig.

Schnell wurde ihm langweilig und er fragte seine Lehrerin nach einer neuen Aufgabe. Sie verwies ihn auf den Spielschrank. Er hatte jedoch kein Spiel für sich finden können und alberte daher mit seinem Tischnachbarn rum.

Die Schülerinnen und Schüler hatten am Montag als Hausaufgabe eine Seite in ihrem Hausaufgabenheft aufbekommen. Es waren zwei Reihen abgebildet. In der einen Reihe waren Gegenstände und in der zweiten Reihe, parallel darunter, Schattenbilder dieser Gegenstände abgebildet. Sie mussten Bild und Schattenbild verbinden. Bei dem Vergleichen der Hausaufgaben sollten die Schülerinnen und Schüler benennen mit dem wievielten Bild der unteren Reihe sie das obere verbunden hatten (Ordnungszahlaspekt). An diesem Tag bekamen sie in dem Hausaufgabenheft eine weitere Seite auf. Diese Seite zeigte einen halben Teddybären in einem Gitternetz. Die Schülerinnen und Schüler sollten den Teddybären vervollständigen und dabei das Gitter beachten.

Am Mittwoch den 17.09.2014 hatten sie in den ersten zwei Schulstunden Klassenlehrerunterricht. Im Morgenkreis wurde wie jeden Morgen das Datum und Wetter eingestellt. Die Uhrzeit wurde weiterhin von der Lehrerin selbst eingestellt. Anschließend erklärte die Lehrerin den Schülerinnen und Schüler eine Seite im Mathematikarbeitsheft. Sie sollten die abgebildete Anzahl mit der dazu passenden Ziffer verbinden. Außerdem sollten sie entsprechend viele Punkte in den Zehnerstreifen und einen selbst gewählten Gegenstand in entsprechender Anzahl in ein dafür vorgesehenes Kästchen malen. Es ging hierbei um die Zahlen von eins bis zehn. Julius erledigte die Aufgabe wie die letzten Male sehr schnell.

Während der Bearbeitungszeit ging die Lehrerin durch die Klasse und stempelte die Hausaufgaben (das Ergänzen des Teddybären) ab. Auf die Ergebnisse dieser Hausaufgabe ging sie im Plenum nicht ein und lies Fehler unkommentiert.

An diesem Tag bekamen sie ebenfalls eine Seite in ihrem Hausaufgabenheft auf. Auf der Seite waren drei Reihen mit jeweils verschiedenen Mustern, bestehend aus geometrischen Formen, vorgegeben. Diese Muster sollten sie fortsetzen.

Donnerstag der 18.09.2014 begann für die Klasse in der ersten Stunde mit Religionsunterricht. Anschließend hatten sie bis zur fünften Stunde Klassenlehrerunterricht. Zuerst wurden die Hausaufgaben (Fortsetzen des Musters) besprochen. Die Schülerinnen und Schüler sollten ihre Muster vorlesen. Dabei achtete die Lehrerin auf die richtige Benennung der geometrischen Formen. Sie machte den Schülerinnen und Schülern im Zuge dessen den Unterschied zwischen Viereck, Rechteck und Quadrat an der Tafel deutlich. Anschließend begann sie einen Ziffernschreiblehrgang, angelehnt an das Mathematikbuch „Super M". Die Lehrerin hatte dazu allen Schülerinnen und Schülern in deren Mathematikhefter die benötigten Arbeitsblätter bereits eingeheftet. Sie lernten in den darauffolgenden Tagen die Ziffern von eins bis neun und abschließend die Null nacheinander. Somit begannen sie heute mit der Eins. Die Lehrerin erklärte den Schülerinnen und Schülern die Aufgaben und den Ablauf des Lehrgangs. Zunächst sollten sie auf dem Arbeitsblatt im Hefter die Ziffer dreimal mit dem Stift nachspuren und auf dem daneben abgebildeten Zehnerstreifen entsprechend der Zahl rote Punkte malen. Anschließend mussten sie das Arbeitsblatt umdrehen und auf der Rückseite die Ziffer einige Male schreiben. Die dafür vorgesehenen Kästchen wurden immer kleiner. Wenn sie das erledigt hatten, konnten sie sich bei ihr ein weiteres Arbeitsblatt abholen auf dem die Zahlen von eins bis sechs durch Finger, Strichliste und Würfelaugen repräsentiert wurden. Die Abbildungen, passend zur Zahl, sollten sie ausschneiden und auf die Vorderseite des Blattes neben die Ziffer, die sie nachgespurt haben, aufkleben. Anschließend durften sie sich aus Zeitungen und Prospekten in dem Fall *eine* Sache aussuchen und ebenfalls auf die Seite kleben. Während der Bearbeitung durften alle Schülerinnen und Schüler nacheinander an die Tafel kommen und die Ziffer einmal anschreiben. Die Lehrerin schaute ihnen dabei genau zu, um zu überprüfen, ob jede Schülerin/jeder Schüler die richtige Schreibrichtung einhält.

Julius war wieder schnell fertig. Er hatte bei dem Schreiben der Ziffer auf der Rückseite des Blattes die Eins immer richtig geschrieben, doch auf einmal begann er die Ziffer von unten zu schreiben. Nachdem ich ihn kurz darauf aufmerksam machte, schrieb er die Ziffer wieder richtig.

Wer diese Aufgabe erledigt hatte, konnte die sogenannten ‚Sonnenaufgaben' bearbeiten. Diese waren an drei Stationen verteilt. An einer Station konnten sie die Ziffer im Sand schreiben und an einer anderen sie kneten. Des Weiteren gab es eine Station an der die Schülerinnen und Schüler die Ziffer puzzeln konnten. Auch diese Stationen durchlief

Julius schnell und problemlos. Anschließend langweilte er sich und wurde von der Lehrerin wieder auf den Spielschrank aufmerksam gemacht.

Der letzte Tag meiner Beobachtungen war Freitag der 19.09.2014. Die Klasse hatte von der zweiten bis vierten Stunde Klassenlehrerunterricht. Die Lehrerin lies den Ablauf des Ziffernschreiblehrgangs wiederholen und bat anschließend die Schülerinnen und Schüler die Ziffer Zwei zu bearbeiten. Der Ablauf war identisch zu dem vom Vortag. Julius hatte ebenfalls keine Schwierigkeiten bei dem Schreiben und hatte die Aufgabe wieder schnell lösen können.

5.4 Interpretationen

Es ist zunächst festzuhalten, dass das Aufgreifen von Kenntnissen nur schwer gelingen kann, wenn die betreffenden Lehrerinnen und Lehrer nicht über die Ergebnisse der Schulfähigkeitsprüfung und des Schnupperunterrichts informiert werden, beziehungsweise sich keine Informationen einholen. Es kann nicht davon ausgegangen werden, dass Lehrerinnen und Lehrer der Erstklässler ihre neuen Schülerinnen und Schüler und deren Kenntnisse und Fähigkeiten bereits kennen, da sie oft bei den Testungen nicht persönlich anwesend sind oder anderen Gruppen zugeordnet waren. Dies stellt somit keine gute Voraussetzung für das Einbeziehen des Schülerwissens dar. Aus diesem Grund traf die Lehrerin in dem hier vorliegenden Fall die Entscheidung, eine Kenntnisstanderhebung durchzuführen. Allerdings notierte sie sich nicht die Bearbeitungsdauer der einzelnen Schülerin/des einzelnen Schülers, obwohl dies ein wichtiges und aussagekräftiges Kriterium ist. Es ist zu unterscheiden, ob eine Schülerin/ein Schüler innerhalb von zwanzig Minuten oder einer Stunde alle Aufgaben richtig löst. Im Nachhinein entstand der Eindruck, dass sie durch die Erhebung nicht wesentlich mehr Wissen über den Leistungsstand der Kinder erworben hatte. Des Weiteren war keine Veränderung ihres Verhaltens oder eine Differenzierung des Unterrichtinhalts zu beobachten. Dies könnte unter anderem daran liegen, dass sie keinen standardisierten Test durchführte und daher eventuell keine aussagekräftigen Ergebnisse erhielt. Darüber hinaus thematisierte sie den Test nicht mehr gegenüber mir oder den Schülerinnen und Schülern.

Julius füllte die Erhebung ordentlich, schnell und fast fehlerfrei aus. Lediglich bei der Aufgabe 7 ,Reihenfolge fortsetzen' übersah er, dass die Reihenfolge bereits ein zweites Mal begonnen wurde. Anstatt an dieser Stelle die Reihe fortzuführen, begann er mit der ersten geometrischen Form der Reihenfolge. Diese Art von Fehler konnte bereits während des Schnupperunterrichts beobachtet werden. Julius kann Muster fortsetzen, jedoch nur von vorn beginnend und nicht von einer beliebigen Stelle aus. Er hat in diesem Bereich noch Förderbedarf, welchem beispielsweise durch Pufferaufgaben gerecht werden könnte.

Im Folgenden sollen Situationen benannt und erläutert werden, in denen die beobachtete Lehrerin die Kenntnisse der Schülerinnen und Schüler aufgegriffen beziehungsweise nicht aufgegriffen hat.

Bei der Einstellung des Datums beachtete sie, dass Julius im September Geburtstag hat. Sie ahnte somit, dass er wusste, welcher Monat war und fragte ihn gezielt danach. Allerdings war es für mich nur schwer nachvollziehbar, warum sie bei dem Einstellen der Uhrzeit die Schülerinnen und Schüler nicht mit einbezog beziehungsweise deren Fähigkeiten diesbezüglich nicht getestet hatte. Eine schlechte Voraussetzung hierfür war, dass keine Wanduhr in dem Klassenraum hing. Es gab jedoch einige Schülerinnen und Schüler, die eine Armbanduhr trugen. Dies blieb von ihr unbeachtet. Möglich ist, dass die Lehrerin dieses Thema in der ersten Klasse als unwichtig empfindet und andere Themen wie der Zahlerwerb in dem Moment für sie bedeutend wichtiger sind. In dem sie die Uhrzeit selbst einstellt, kann sie Zeit für den Zahlerwerb und andere Themen sparen.

In dem Sitzkreis am 12.09.2014 thematisierte sie die Ziffern von null bis sechs. Zunächst testete sie das Erkennen dieser Ziffern der Schülerinnen und Schüler und stellte daraufhin eine Verknüpfung zwischen Ziffer und der entsprechenden Anzahl an Plättchen her. Die im Anschluss daran stattgefundene Gruppenarbeit gab der Lehrerin Rückmeldung, inwieweit die Schülerinnen und Schüler mit den Ziffern von null bis zehn vertraut sind und diesbezüglich den Kardinalzahlaspekt anwenden.

Bei der Aufgabe zur Ermittlung der Anzahlen an abgebildeten Tieren nahm sie eine Differenzierung hinsichtlich der Notation (Ziffern oder Punkte) vor. Sie berücksichtigte somit die Kenntnisse der Schülerinnen und Schüler, da sie noch keinen Ziffernschreiblehrgang durchgeführt hatten. Die Lehrerin wusste nicht, inwieweit die

Schülerinnen und Schüler Ziffern schreiben können. Die zu dieser Aufgabe entsprechende Hausaufgabe beinhaltete den Zwanziger-Punktestrahl. Die Verwendung eines Zahlenstrahls beziehungsweise die Notation in solch einem Strahl wurde von ihr in der Schule nicht mit den Kindern besprochen. Sie setzte die Verwendung offensichtlich voraus oder legte keinen Schwerpunkt auf die richtige Notationsweise.

Am 16.09.2014 setzte die Lehrerin ein weiteres Mal Vorwissen voraus. Sie stellte den Schülerinnen und Schülern im Sitzkreis drei Repräsentationsarten (Würfelaugen, Strichlichte und die gestreckten Finger einer Hand) von Zahlen vor. Thema der Mathematikstunde waren die Ziffern eins bis zehn. Die Gemeinsamkeit der verschiedenen Repräsentationsarten wurden von den Schülerinnen und Schülern nicht automatisch durch das geschickte legen der Karten hergestellt. Die Lehrerin lies diese Gemeinsamkeit jedoch auch nicht durch Impulse die Schülerinnen und Schüler selbst entdecken und herstellen, sondern zeigte es durch das ‚Parallellegen‘ der Karten selbst.

Die in dem Buch dazu passende Aufgabe schulte nochmals die Ziffernkenntnis und die Mengenabschätzung. Die dabei entstandenen Schwierigkeiten auf Grund der Abbildung eines Würfelturms, löste sie, indem sie solch einen Würfelturm nachbaute und den Schülerinnen und Schüler zur Kontrolle zur Verfügung stellte. Sie hätte jedoch auch den Schülerinnen und Schülern Würfel geben können, sodass diese den Turm selbst nachbauen konnten. Ich denke, dass die Schülerinnen und Schüler ausreichende Kenntnisse zum Bauen eines Turmes hatten und durch das eigene Bauen des Turmes schnell bemerkt hätten, dass der eine, auf dem Bild nicht sichtbare Würfel benötigt wird, damit der Turm stehen kann.

Die Lehrerin wählte zur Einführung der Zahlen die kleinschrittige Vorgehensweise. Sie thematisierte in der ersten Stunde zunächst nur die Zahlen von null bis sechs. In der darauffolgenden Übung stellte sie den Schülerinnen und Schülern frei, ob sie bereits den Zahlenraum bis zehn bearbeiten wollen. An dieser Aufgabe konnte sie erkennen, dass alle Schülerinnen und Schüler bereits mit diesem Zahlenraum vertraut sind und thematisierte somit in den folgenden Stunden den Zahlenraum bis zehn.

Mit der Hausaufgabenbesprechung an diesem Tag überprüfte die Lehrerin die Kenntnisse der Schülerinnen und Schüler hinsichtlich des Ordnungszahlaspektes und dessen Formulierung.

Die Aufgabe im Buch am 17.09.2014 (Anzahl mit Ziffer verbinden, Anzahl in Zehnerstreifen malen und einen Gegenstand in entsprechender Anzahl malen) wiederholte nochmals die Inhalte der vergangenen Tage und forderte zusätzlich das Eigenproduzieren und Darstellen einer Menge entsprechend der jeweiligen Zahl. Die Notation in dem Zehnerstrahl wurde von der Lehrerin wieder nicht thematisiert und Fehler nicht korrigiert.

Nachdem die Schülerinnen und Schüler einige Aufgaben mit den Ziffern, Repräsentationsarten und Mengenverständnis absolviert hatten, begannen sie mit dem Ziffernschreiblehrgang. Bei dem Bearbeiten des Ziffernschreiblehrgangs durfte jeden Tag nur eine vorgegebene Ziffer bearbeitet werden. Hierbei stellte sich das Problem, dass Schülerinnen und Schüler, die die Ziffern bereits korrekt schreiben konnten und somit in der Bearbeitung sehr schnell waren, sich langweilten. Zudem wird jeden Tag nahezu der identische Inhalt in gleicher Abfolge bearbeitet. Dies kann somit als Ritual gesehen werden, was in 2.3.1 gefordert und als positiv beachtet wurde. Allerdings sollten eine Differenzierung beziehungsweise Zusatzaufgaben bereitgestellt werden, sodass keine Schülerin/kein Schüler sich langweilen muss.

Hinsichtlich des geometrischen Bereichs werden die Kenntnisse über geometrische Grundformen durch die Aufgabe des Fortsetzens von Mustern aufgegriffen. Die Aufgabe schulte zunächst das Zeichnen dieser Formen und bei dem Besprechen die Benennung und Differenzierung der Formen.

Die Hausaufgabe (Spiegelung des halben Teddybären) wurde von der Lehrerin hinsichtlich des Erledigens kontrolliert, jedoch nicht weiter besprochen. Diesbezüglich ist fraglich, inwieweit solche Übungen ohne Thematisierung hilfreich und förderlich sind.

Julius war in den schulischen Situationen sehr zurückhaltend. Wenn er die Antwort wusste, sagte er diese nur leise vor sich hin. Dies wurde für mich als Beobachterin, die ihn fokussierte, sichtbar. Eine Lehrerin, die gleichzeitig siebzehn weitere Schülerinnen und Schüler im Blick haben muss, kann dies nicht immer sehen. Zurückhaltende Schülerinnen und Schüler erschweren somit für die Lehrkraft das Erkennen ihrer Kenntnisse.

Bei dem Bearbeiten von Aufgaben in der Schule war Julius immer schnell fertig. Anschließend langweilte er sich öfters und wurde von der Lehrerin ausschließlich auf den Spielschrank verwiesen. Die darin enthaltenen Spiele waren Gesellschaftsspiele und forderten somit weitere Mitspielerinnen und Mitspieler. Allerdings waren die meisten Mitschülerinnen und Mitschüler noch mit dem Bearbeiten der Aufgabe beschäftigt, sodass Julius meist keine Spiele spielen konnte. Es führte dazu, dass er sich langweilte, durch die Klasse alberte und die anderen Kinder ablenkte und störte.

Ich denke, dass die Lehrerin an einigen Stellen die Kenntnisse der Schülerinnen und Schüler aufgriff (Julius Geburtsmonat September, Ziffernkenntnisse). Jedoch gab es einige Situationen, in denen nicht nachvollziehbar war, warum sie die Schülerinnen und Schüler Unterrichtsinhalte nicht selbst hat bearbeiten lassen, beziehungsweise sie aktiver in das Unterrichtsgeschehen miteinbezogen hat (Uhrzeit einstellen, Gemeinsamkeiten der Repräsentationsarten).

Abschließend ist zu sagen, dass das Verhalten und die Entscheidungen der Lehrerin abhängig von ihren Lernzielen sind. Da diese Ziele mir nicht immer mitgeteilt wurden, waren manche Situationen für mich nicht ganz nachvollziehbar. Außerdem ist an dieser Stelle nochmals daran zu erinnern, dass diese Ergebnisse aus einer Einzelfallstudie resultieren. Es kann ein Einblick in die Praxis und gegebene Schwierigkeiten eröffnet werden, allerdings kann kein für die Allgemeinheit geltender Schluss gezogen werden.

6 Fazit

Die Leitfrage der Arbeit: ‚Inwieweit werden mathematische Kenntnisse und Fähigkeiten von Schülerinnen und Schülern in dem Mathematikunterricht in den ersten Schulwochen aufgegriffen?' fordert zunächst die Erörterungen und Definition der Kenntnisse und Fähigkeiten, die die Kinder mit in die Schule bringen. Aus diesem Grund wurden zuerst die Entwicklung des kindlich mathematischen Verständnisses und solche Systeme, die Einfluss auf die Entwicklung nehmen, vorgestellt. Die Familie ist das erste, aber auch parallel zum Kindergarten und Schule begleitende System in dem das Kind mathematische Erfahrungen sammelt. Darüber hinaus hat die Familie einen großen Einfluss auf das Verhalten des Kindes. Die Auswirkungen der Familie konnten in dem Fallbeispiel beobachtete werden. Julius hat viele mathematische Kenntnisse aus den Spielsituationen im Familienalltag sammeln können (beispielsweise das schnelle Erfassen der Anzahl von Würfelaugen oder die korrekte Verwendung der Begriffe für Vergleiche). Zudem hat der Kindergarten die Verantwortung und Aufgabe erste mathematische Kompetenzen und grundlegende Voraussetzungen zu legen, ohne bereits Inhalte des Anfangsunterrichts vorwegzunehmen. Dabei wird ein spielerischer und lebensnaher Zugang bevorzugt, wie es in der Einzelfallstudie bei dem Besuch des Mini-Mathematikums zu beobachten war.

Diese bis zu dem Ende der Kindergartenzeit gesammelten Erfahrungen der Kinder und somit deren Kenntnisse wurden in dem Kapitel ‚Kenntnisse am Ende der Kindergartenzeit' gebündelt dargestellt. Hierbei ist die hohe Heterogenität der Erfahrungen und Kenntnisse der Kinder hervorzuheben. Die Heterogenität resultiert aus den unterschiedlichen Entwicklungsgeschwindigkeiten und den verschiedenen Erfahrungen, die den Kindern in der Familie und dem Kindergarten ermöglicht wurden. Die beobachteten mathematischen Kenntnisse von Julius in der Einzelfallstudie entsprachen in besonderem Maße den dargestellten Durchschnittskenntnissen am Ende der Kindergartenzeit.

Der Übergang vom Kindergarten zur Grundschule ist von großer Bedeutung, da dieser eine besondere Herausforderung an alle Beteiligten und vor allem an das Kind stellt. Um den Übergang für alle angenehmer zu gestalten, sollte eine Kooperation zwischen Kindergarten und Grundschule bestehen. Diese in der Literatur geforderte Kooperation der Institutionen ist in der Einzelfallstudie in Ansätzen zu beobachten, jedoch waren Lehrerinnen an diesem Prozess beteiligt, die im Nachhinein keine erste Klasse übernahmen. Daher stellte sich die Kooperation in diesem Fall als nur teilweise zielführend heraus. Es bedarf also genauer Planung hinsichtlich der Umsetzung der Kooperation (wie beispielsweise durch einen Kooperationskalender), damit die Sinnhaftigkeit gewährleistet ist und die Lehrerinnen und Lehrer den größtmöglichsten Nutzen aus der Zusammenarbeit ziehen können. Dabei muss jedoch die Schweigepflicht der Erzieherinnen und Erzieher beachtet werden. Ein Austausch der Institutionen über die Kinder kann nur erfolgen, wenn eine Entbindung der Schweigepflicht durch die Erziehungsberechtigten vorliegt.

Der Schulfähigkeitstest ist ein wichtiges Instrument der Lehrerinnen und Lehrer, um ihre neuen Schülerinnen und Schüler und deren Kenntnisse kennenzulernen. Allerdings führen nicht immer die Lehrerinnen und Lehrer die Tests mit ihren angehenden Schülerinnen und Schülern durch. Daher sollten die Ergebnisse gesichert und später der entsprechenden Lehrerin/dem entsprechenden Lehrer ausgehändigt werden.

Die Inhalte und Lernziele der Schule beziehungsweise des Anfangsunterrichts sind von den Bildungsstandards gegeben. Es wurde deutlich, dass der Schwerpunkt in dem Mathematikunterricht nicht nur auf einen inhaltlichen Bereich gelegt werden darf, sondern zudem allgemeine Kompetenzen wie beispielsweise das Argumentieren zu fördern sind.

Die Frage, inwieweit die Kenntnisse aufgegriffen werden, setzt außerdem voraus, dass die Lehrperson diese Kenntnisse und Fähigkeiten zunächst erkennen und richtig einschätzen kann. Diesbezüglich wurden zwei Studien vorgestellt, die aufzeigten, dass Lehrerinnen und Lehrer die Leistungen der Schülerinnen und Schüler unterschätzten. Dies stellt ein großes Problem auch in Bezug auf die Fragestellung dar. Wenn die Lehrerinnen und Lehrer die Kenntnisse und Fähigkeiten der Schülerinnen und Schüler unterschätzen, bedeutet dies im Umkehrschluss, dass sie diese im Unterricht nicht in entsprechendem Maße aufgreifen und beachten können. Selter unterscheidet in seiner Studie zwischen tätigen Lehrkräften, Lehramtsanwärter und Studenten. Zwar unterschätzen alle die Kenntnisse der Schülerinnen und Schüler, allerdings unterschätzen die tätigen Lehrkräfte die Kenntnisse nur gering. Ich vermute einen Zusammenhang zu den Berufserfahrungen der tätigen Lehrkräfte. Diese These, dass umso mehr Berufserfahrungen eine Lehrerin/ ein Lehrer hat, umso besser die Kenntnisse der Schülerinnen und Schüler einschätzen kann, muss jedoch noch überprüft werden. Es empfiehlt sich daher, weitere Beobachtungen in verschiedenen ersten Klassen und eventuell über einen längeren Zeitraum durchzuführen, um eine allgemeine Tendenz bezüglich des Aufgreifens der Kenntnisse formulieren zu können.

Die beobachtete Lehrerin in der Einzelfallstudie wollte diesem Unterschätzen vorbeugen, indem sie eine Kenntnisstanderhebung in der ersten Mathematikstunde durchführte. Allerdings war die Erhebung nicht aussagekräftig genug, um Einsichten in die Kenntnisse der Kinder zu erlangen. An dieser Stelle kann die in der Einleitung angenommene Wichtigkeit, dass Lehrerinnen und Lehrer wissen sollten, was in dem Kindergarten thematisiert wird, bestätigt werden. Denn diese Einsicht trägt dazu bei, die Kenntnisse der Kinder im Anfangsunterricht besser einschätzen zu können.

In der Literatur werden auf Grund der zuvor erläuterten Kenntnisse und Fähigkeiten, die die Schülerinnen und Schüler mit in die Schule bringen, gewisse Forderungen an den arithmetischen Anfangsunterricht gestellt. Darüber hinaus wird allgemein in dem Anfangsunterricht das Aufgreifen der Kenntnisse und Fähigkeiten der Schülerinnen und Schüler gefordert. In diesem Zusammenhang wird als besonders zu beachten die hohe Heterogenität der Schülerinnen und Schüler benannt. Diese soll im Rahmen eines offenen Unterrichts und durch Differenzierung vor allem im Bereich des sozialen Lernens genutzt werden. Auf Grund der Differenzierung sind somit die individuellen Kenntnisse und Fähigkeiten der Schülerinnen und Schüler zu beachten und an diese anzuknüpfen, zu fordern und fördern. Die beobachtete Lehrerin in der Einzelfallstudie ist dieser Forderung nach Differenzierung nicht in ausreichendem Maße entgegengetreten. Sie hat lediglich bei einer Aufgabe in der Notationsweise eine Differenzierung vorgenommen. Allerdings fehlten immer wieder Zusatzaufgaben für die schnelleren Schülerinnen und Schüler. Diese mussten oft einfach warten oder durften ein Spiel spielen. Die Spiele hatten leider keinen thematischen/ inhaltlichen Bezug. Es empfiehlt sich den schnelleren Schülerinnen und Schülern fachspezifische Spiele wie Würfelspiele oder Lego anzubieten.

Bezüglich der Anforderungen an den arithmetischen Anfangsunterricht ist die Lehrerin in der Einzelfallstudie größtenteils gerecht geworden. Die Ziffernkenntnisse der Schülerinnen und Schüler wurden aufgegriffen und durch verschiedene

Repräsentationsarten dargestellt und verknüpft. Außerdem wurde die Zählkompetenz der Kinder durch verschiedene Zählsituationen geschult, vor allem hinsichtlich des Zählens ohne Berührungen der zu zählenden Objekte. Zudem wurde die korrekte und ordentliche Schreibweise der Ziffern durch einen Ziffernschreiblehrgang geübt. Allerdings hat die Lehrerin die Ziffer Null ohne besondere Beachtung thematisiert. Geometrische Inhalte wurden ausschließlich als Hausaufgabe gegeben ohne besondere Einführung und Besprechung. Damit hat die Lehrerin die Geometrie als Zusatzthema benutzt. Diese Verwendung wurde in der Literatur stark kritisiert. Die Geometrie ist zum einen ein bedeutendes Thema, da wir im Alltag ständig damit konfrontiert werden und es vor allem zur Orientierung im Raum benötigen. Zum anderen bringen Kinder gerade deswegen viele Erfahrungen mit und es lässt sich sehr aktiv und lebensnahe mit den Kindern thematisieren und entdecken. Es geht nicht nur darum, dass Kinder geometrische Körper zeichnen oder etwas spiegeln können, sondern sie sollen zudem die geometrischen Begriffe und Verfahren verstehen, benennen und beschreiben können.

Die fehlende Kompetenz bezüglich der Durchführung der Kenntnisstanderhebung der Lehrerin in der Einzelfallstudie deutet auf einen Mangel resultierend aus der Ausbildung hin. Während des Lehramtsstudiums sollten solche Erhebungen vermehrt thematisiert und gegebenenfalls durchgeführt werden. Darüber hinaus ist der Kenntnisstand der Kinder zu Schuleintritt zu thematisieren. Dass Heterogenität besteht und daher eine Differenzierung notwendig ist, wird in sämtlichen Veranstaltungen geäußert. Ein diesbezüglich praxisorientiertes Seminar fehlt jedoch in den meisten Fächern. Somit werden meiner Ansicht nach Lehrerinnen und Lehrer nicht ausreichend auf die Anforderungen des Anfangsunterrichts vorbereitet.

Allgemein ist festzuhalten, dass ein Aufgreifen der Kenntnisse und Fähigkeiten der Schülerinnen und Schüler in den ersten Schulwochen möglich ist. Allerdings benötigt die Lehrkraft eine Strategie oder Tests, um zunächst die Kenntnisse und Fähigkeiten der Schülerinnen und Schüler festzustellen. Dieses Feststellen sowie die Differenzierung werden unter anderem durch Schülerinnen und Schüler, die bei der mündlichen Mitarbeit sehr zurückhaltend sind, erschwert.

Um die Kenntnisse und Fähigkeiten der Schülerinnen und Schüler erkennen, wahrnehmen und daraufhin eine entsprechende Differenzierung vornehmen zu können, könnte beispielsweise eine tabellarische Übersicht hilfreich sein. Als Alternative zur Durchführung einer Kenntnisstanderhebung kann in den ersten Mathematikstunden Aufgaben gestellt werden, die die wichtigsten Kenntnisse und Fähigkeiten testen. Solche Kenntnisse und Fähigkeiten wie die Ziffernkenntnis, die simultane Zahlauffassung und die Invarianz von Mengen müssten auf der Tabelle für jede Schülerin/jeden Schülern einzeln abgehakt werden, sobald sie ersichtlich wurden. So kann die Lehrerin/der Lehrer sich einen guten Überblick über die Klasse verschaffen. Außerdem werden die Förderbereiche der einzelnen Schülerin/des einzelnen Schülers deutlich, welche beispielsweise derjenigen/demjenigen als Pufferaufgaben bereitgestellt werden können.

Literaturverzeichnis

Acar, E. & Brandt, B. (2010) Kulturelle Unterschiede in mathematischen Lernprozessen in der Familie. *Zeitung für Lehramtsstudierende, L-News 10* (3), 8-10.

Acar Bayraktar, E. & Krummheuer, G. (2011) Die Thematisierung von Lagebeziehungen und Perspektiven in zwei familialen Spielsituationen. Erste Einsichten in die Struktur „interaktionaler Nischen mathematischer Denkentwicklung" im familialen Kontext. In B. Brandt, R. Vogel & G. Krummheuer (Hrsg.), *Die Projekte erStMaL und MaKreKi, Mathematikdidaktische Forschung am „Center for Individual Development and Adaptive Education" (IDeA)*. (= Reihe Empirische Studien zur Didaktik der Mathematik; 10). (S. 135-174). Münster: Waxmann.

BMFuS (Bildungsministerium für Familie, Senioren, Frauen und Jugend) (Hrsg.) (2002) *Die bildungspolitische Bedeutung der Familie – Folgerungen aus der PISA-Studie*. (Schriftenreihe des Bildungsministeriums für Familie, Senioren, Frauen und Jugend; 224). Stuttgart: W. Kohlhammer.

Bostelmann, A. (Hrsg.) (2009) *Jederzeit Mathezeit! Das Praxisbuch zur mathematischen Frühförderung in der Kita*. Mühlheim an der Ruhr: Verlag an der Ruhr.

Bourdieu, P. (2006) *Wie die Kultur zum Bauern kommt. Über Bildung, Schule und Politik*. (= Reihe Schriften zu Politik und Kultur; 4). Hamburg: VSA.

Brüsemeister, T. (2008) *Qualitative Forschung. Ein Überblick*. (2. überarb. Aufl.). Wiesbaden: Verlag für Sozialwissenschaften.

Dehaene, S. (1999) *Der Zahlensinn oder Warum wir rechnen können*. Basel: Birkhäuser.

Deutscher, T. (2012) *Arithmetische und geometrische Fähigkeiten von Schulanfängern*. Eine empirische Untersuchung unter besonderer Berücksichtigung des Bereichs Muster und Strukturen. Wiesbaden: Vieweg + Teubner.

Flick, U. (2010) *Qualitative Sozialforschung. Eine Einführung.* (3.Aufl.). Reinbek bei Hamburg: Rowohlt.

Franke, M. (2007) *Didaktik der Geometrie in der Grundschule.* (2.Aufl.). Heidelberg: Spektrum.

Friedrich, G. & Bordihn, A. (2008) *So geht's – Spaß mit Zahlen und Mathematik im Kindergarten.* Kindergarten heute – Sonderheft (5. Aufl.) Freiburg: Herder.

Friedrich, G. & Munz, H. (2006) Förderung schulischer Vorläuferfähigkeiten durch das didaktische Konzept „Komm mit ins Zahlenland". *Psychologie in Erziehung und Unterricht*, 53, 134-146.

Friedrich, G. & Schindelhauer, B. (2011) Komm mit ins Zahlenland! Eine ganzheitliche, fröhliche Reise in die Welt der Mathematik – und Sprachförderung. *Frühes Deutsch*, 23, 24-27.

Fuchs-Heinritz, W. & König, A. (2011) *Pierre Bourdieu. Eine Einführung.* (2.überarb. Aufl.). Konstanz: UVK.

Gasteiger, H. (2011) Mathematisches Lernen von Anfang an. Kompetenzorientierte Förderung im Übergang Kindertagesstätte – Grundschule. Download am 03.11.2014. http://www.sinus-an-grundschulen.de/fileadmin/uploads/Material_aus_SGS/Handreichung_Gasteiger_Internet.pdf

Greeno, J.G. (1989) Situations, Mental Models, and Generative Knowledge. In D. Klahr & K. Kotovsky (Hrsg.), *Complex Information Processing: The impact of Herbert A. Simon.* (S. 285-318). Hillsdale: Erlbaum.

Griebel, W. & Niesel, R. (2002) *Abschied vom Kindergarten - Start in die Schule. Grundlagen und Praxishilfen für Erzieherinnen, Lehrkräfte und Eltern.* München: Don Bosco.

Griebel, W. & Niesel, R. (2004) *Transitionen. Fähigkeit von Kindern in Tageseinrichtungen fördern, Veränderungen erfolgreich zu bewältigen.* Weinheim: Beltz.

Hacker, H. (2008) *Bildungswege vom Kindergarten zur Grundschule.* (= Reihe Studientexte zur Grundschulpädagogik und –didaktik). (3. neubearb. Aufl.). Bad Heilbrunn: Klinkhardt.

Hacker, J.; Lammel, R. & Wichmann, M. (2005) *Lernstands-Diagnose als Basis zur individuellen Förderung. Ein Praxis-Leitfaden für die Klassen 1 und 2.* Braunschweig: Westermann.

Hanke, P. (2007) *Anfangsunterricht. Leben und Lernen in der Schuleingangsphase.* (= Reihe Studientexte für das Lehramt; 12). (2. erw. Aufl.). Weinheim: Beltz.

Hasemann, K. & Gasteiger, H. (2014) *Anfangsunterricht Mathematik.* (3. überarb. und erw. Aufl.). Berlin: Springer.

Manten, U.; Hütten, G. & Heinze, K. (Hrsg.) (2010) *Super M. Mathematik für alle. 1.Schuljahr.* Berlin: Cornelsen.

Hellmich, F. & Kiper, H. (2006) *Einführung in die Grundschuldidaktik.* Weinheim: Beltz.

Hense, M. & Buschmeier, G. (2002) *Kindergarten und Grundschule Hand in Hand. Chancen, Aufgaben und Praxisbeispiele.* München: Don Bosco.

HKM (Hessisches Kultusministerium) (2011) *Bildungsstandards und Inhaltsfelder. Das neue Kerncurriculum für Hessen. Primarstufe. MATHEMATIK.* Download am 02.04.2014.
http://lsa.hessen.de/irj/servlet/prt/portal/prtroot/slimp.CMReader/HKM_15/LSA_Inte rnet/med/b3d/b3d1d584-b546-821f-012f-31e2389e4818,22222222-2222-2222-2222-222222222222

Hopf, A.; Zill-Sahm, I. & Franken, B. (2008) *Vom Kindergarten in die Grundschule. Evaluationsinstrumente für einen erfolgreichen Übergang.* (4. erw. Aufl.). Berlin: Cornelsen Scriptor.

HSM (Hessisches Sozialministerium) & HKM (Hessisches Kultusministerium) (Hrsg.) (2012) *Bildung von Anfang an. Bildungs- und Erziehungsplan für Kinder von 0 bis 10 Jahren in Hessen.* (4.Aufl.). Wiesbaden: Universum.

Hussy, W.; Schreier, M. & Echterhoff, G. (2013) *Forschungsmethoden in Psychologie und Sozialwissenschaften für Bachelor.* (2.überarb. Aufl.). Berlin: Springer.

Kaufmann, S. (2011) *Handbuch für die frühe mathematische Bildung.* Braunschweig: Schroedel.

Käpnick, F. (2014) *Mathematiklernen in der Grundschule.* Berlin: Springer.

KMK (Kultusministerkonferenz) (2004) *Bildungsstandards im Fach Mathematik für den Primarbereich.* Neuwied: Luchterhand.

Krauthausen, G. & Scherer, P. (2007) *Einführung in die Mathematikdidaktik.* (3. Aufl.). Heidelberg: Spektrum.

Kunkel, P.-C. (o.J.) Sozialdatenschutz in Kindergärten. *Kindergartenpädagogik – Online-Handbuch.* Download am 07.11.2014. http://www.kindergartenpaedagogik.de/1064.html

Moser Opitz, E. (2008) *Zählen –Zahlbegriff – Rechnen. Theoretische Grundlagen und eine empirische Untersuchung zum mathematischen Erstunterricht in Sonderklassen.* (3. Aufl.). Bern: Haupt.

Neuß, N. (2010) Der Übergang vom Kindergarten in die Grundschule. In ders. (Hrsg.), *Grundwissen Elementarpädagogik. Ein Lehr- und Arbeitsbuch.* (72- 81) Berlin: Cornelsen Scriptor.

Padberg, F. & Benz, C. (2011) *Didaktik der Arithmetik. für Lehrerausbildung und Lehrerfortbildung.* (4. erw. und stark überarb. Aufl.). Heidelberg: Spektrum.

Pauen, S. & Herber, V. (Hrsg.) (2009) *Vom Kleinsein zum Einstein. Offensive Bildung.* Berlin: Cornelsen Scriptor.

Piaget, J. (1967) *Psychologie der Intelligenz.* Stuttgart: Klett.

Radatz, H.; Schipper, W.; Ebeling, A. & Dröge, R. (2008) *Handbuch für den Mathematikunterricht - 1. Schuljahr.* Braunschweig: Schroedel.

Rademacher, J.; Lehmann, W.; Quaiser-Pohl, C.; Günther, A. & Trautewig, N. (2009) *Mathematik im Vorschulalter*. Göttingen: Vandenhoeck & Ruprecht.

Reinecker, H. (1999) Einzelfallanalyse. In: E. Roth & H. Holling (Hrsg.), *Sozialwissenschaftliche Methoden. Lehr- und Handbuch für Forschung und Praxis*. (5. durchges. Aufl.). (S. 267-281). München: Oldenbourg.

Schaub, H. & Zenke, K.G. (2007) *Wörterbuch Pädagogik*. (grundlegend überarb., aktualisierte und erw. Neuausgabe) München: Deutscher Taschenbuch Verlag.

Schipper, W. (2011) *Handbuch für den Mathematikunterricht an Grundschulen*. Braunschweig: Schroedel.

Schmidt, R. (1982) Die Zählfähigkeit der Schulanfänger. Ergebnisse einer Untersuchung. *Sachunterricht und Mathematik in der Primarstufe, 12* (10), 371-376.

Selter, C. (1995) Zur Fiktivität der ,Stunde Null' in arithmetischen Anfangsunterricht. *Mathematische Unterrichtspraxis, 16* (2), 11-19.

Selter, C. (2008) Wie junge Kinder rechnen lernen. In L. Fried (Hrsg.), *Das wissbegierige Kind. Neue Perspektiven in der Früh- und Elementarpädagogik*. (S. 37-55). Weinheim: Juventa.

Selter, C. & Spiegel, H. (2007) *Wie Kinder rechnen*. Leipzig: Klett.

Strübing, J. (2013) *Qualitative Sozialforschung. Eine komprimierte Einführung für Studierende*. München: Oldenbourg.

Zimpel, A.F. (2013) *Lasst unsere Kinder spielen! Der Schlüssel zum Erfolg*. (3.Aufl.). Göttingen: Vandenhoeck & Ruprecht.

Anhang

Anhang I Erkennen der Beziehungen der Zahlaspekte

Die Abbildung zeigt die Beziehungen zwischen den Zahlaspekten. Die Zahlen geben das ungefähre Alter des Erkennens der Beziehungen an (Vgl. Hasemann & Gasteiger 2014, S. 11).

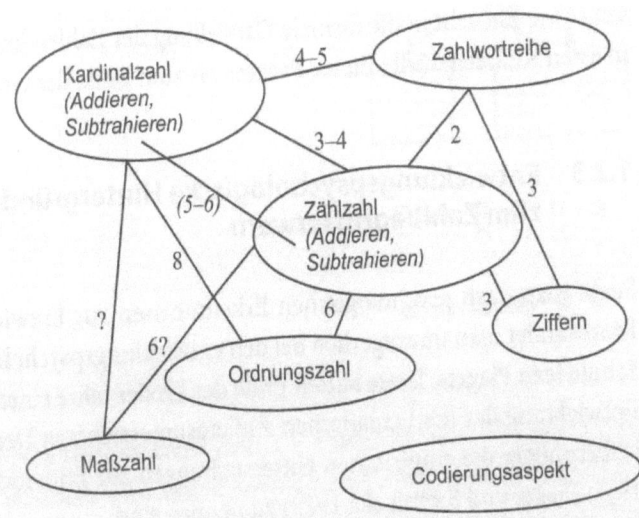

Anhang II Kompetenzerwartungen im Bereich Arithmetik

Eine Einschätzung der arithmetischen Kompetenzen in den letzten beiden Kindergartenjahren (Vgl. Schipper 2011, S. 77).

Kompetenzerwartungen im Bereich von Zahl- und Operationsverständnis im vorletzten und letzten Jahr vor der Einschulung

Bereich	Vorletztes Jahr vor der Einschulung	Letztes Jahr vor der Einschulung
Zahlen als solche verstehen	• Zahlwörter von Nicht-Zahlwörtern unterscheiden • Verstehen, dass das letzte Zahlwort im Abzählprozess die Gesamtzahl der Objekte angibt (Kardinalzahlprinzip)	
Simultane und quasi-simultane Zahlauffassung	• Anzahlen bis 4 simultan auffassen	• Anzahlen bis 5 simultan auffassen • Anzahlen über 5 bis etwa 10 oder 12 (Würfel, Dominosteine) quasi-simultan auffassen
Zählende Zahlauffassung und Zahldarstellung	• Anzahlen bis 10 (und möglichst darüber hinaus) durch sicheres Abzählen auffassen	• Anzahlen über 10 sicher durch Abzählen auffassen und darstellen („Wie viele Plättchen sind das?" „Gib mir 12 Plättchen.")
Verbales Zählen	• Die Zahlwörter bis mindestens 10 vorwärts aufsagen • Von einer Zahl kleiner als 10 weiterzählen bis 10 • Rückwärtszählen ab 5	• Bis mindestens 20 sicher vorwärts und im Zahlenraum bis 10 rückwärts zählen • Diese Zählprozesse auch bei beliebigen Zahlen beginnen
Mächtigkeitsvergleiche	• Erste Mächtigkeitsvergleiche („mehr", „weniger" „gleich viel") von Mengen mit weniger als zehn Objekten durch paarweise Zuordnung vornehmen	• Mächtigkeitsvergleiche („mehr", „weniger" „gleich viel") von Mengen mit mehr als zehn Objekten durch paarweise Zuordnung oder Abzählen vornehmen
Zahlvergleiche und Ordnung der Zahlen	• Erste Zahlvergleiche („kleiner", „größer", „gleich") durch Abzählen an entsprechenden Repräsentanten durchführen	• Vorgänger und Nachfolger von Zahlen bestimmen („Welche Zahl kommt vor/nach 12?") • Zahlen der Größe nach ordnen (z. B. Zahlenkarten)
Zahlaspekte	• Zahlen bis 10 als Kardinalzahlen („fünf Puppen") und bis 5 als Ordinalzahlen („die fünfte Puppe") in Kontexten sicher verwenden	• Zahlen bis 20 als Kardinalzahlen und bis 10 als Ordinalzahlen in Kontexten sicher verwenden
Erstes Rechnen	• Die Gesamtzahl aller Elemente zweier Mengen (z. B. 4 rote, 3 blaue Plättchen) durch Zählen aller Elemente ermitteln	• Mengen mit bis zu zehn Objekten „gerecht teilen" (z. B. durch paarweise Zuordnung) • Zahlen bis 10 (ggf. durch Rückgriff auf Material) halbieren • Erste Rechengeschichten („Du hast drei Äpfel und bekommst noch zwei dazu.") in Handlungen mit Material übersetzen (zusammenlegen, dazulegen, abtrennen); insbesondere die Methode des Alleszählens am Material bei konktextgebundenen Additions- und Subtraktionsaufgaben mit kleinen Zahlen nutzen können (Modellieren)
Zahlzeichen		• Alle Ziffern lesen

Anhang III Aufgaben und Ergebnisse zur Studie arithmetischer Grundkompetenz

Zunächst sind die sechs Aufgaben abgebildet. Der folgenden Tabelle ist zu entnehmen, wie viele Schülerinnen und Schüler die Aufgaben richtig gelöst haben und die diesbezüglichen Einschätzungen der tätigen und angehenden Lehrerinnen und Lehrern (Vgl. Selter 2008 S. 40)

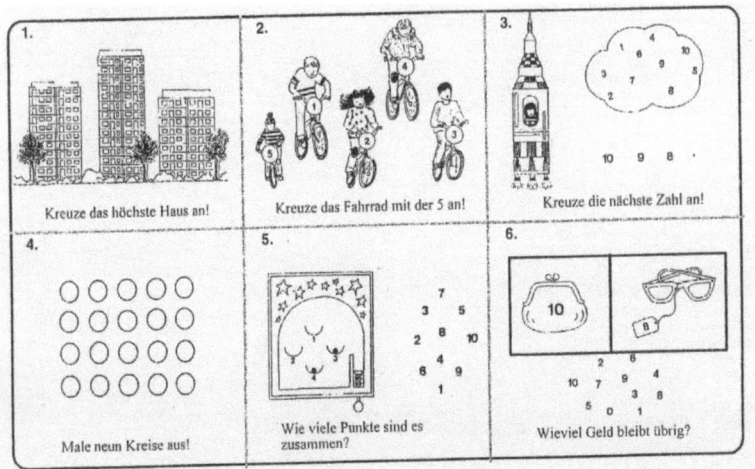

	Häuser	Fahrräder	Rakete	Kreise	Wurfspiel	Brille
Schüler(innen)	98 %	95 %	63 %	87 %	66 %	50 %
Lehrer(innen)	95 %	82 %	58 %	70 %	48 %	42 %
Lehramtsanw.	84 %	65 %	33 %	46 %	27 %	17 %
Studierende	79 %	61 %	34 %	49 %	25 %	20 %

Anhang IV Aufgaben und Ergebnisse zur Studie geometrischer Grundkompetenz

Es sind zunächst die sechs Aufgaben abgebildet. Anschließend ein Säulendiagramm zum Vergleich der Leistungen der Schülerinenn und Schüler und die diesbezüglichen Einschätzungen der Lehrerinnen und Lehrer (Vgl. Käpnick 2014, S. 70f.)

1.
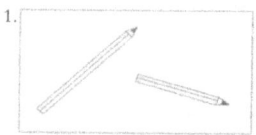
Male den kürzeren Bleistift farbig aus.

2.

Male die Quadrate farbig aus.

3.
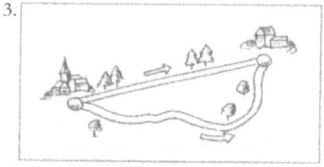
Male den längeren Weg aus.

4.
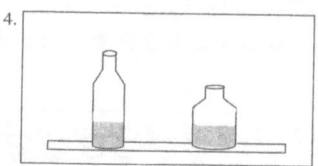
In welcher Flasche ist mehr Brause?
Male ein Kreuz auf diese Flasche.

5.
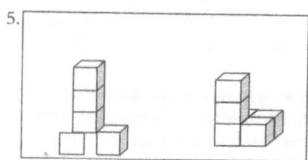
Für welchen Bau benötigst du weniger Würfel?

6.
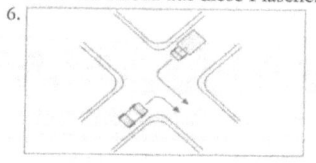
Welches Auto biegt nach rechts ab?
Markiere es.

◘ **Abb. 5.5** Geometrische Testaufgaben für Schulanfänger (Grassmann et al. 1996, S. 25)

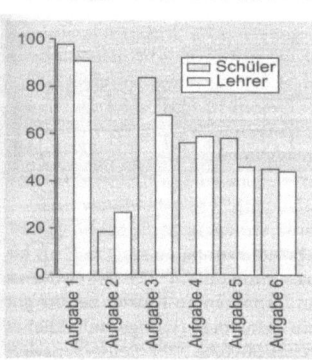

◘ **Abb. 5.6** Testergebnisse zu geometrischen Vorkenntnissen von Schulanfängern (Grassmann et al. 1996, S. 26)

85

Anhang V Kenntnisstanderhebung

Auf den folgenden sieben Seiten ist die ausgefüllte Kenntnisstanderhebung von Julius abgebildet.

(Hacker; Lammel & Wichmann 2005)

Meine Zahlen

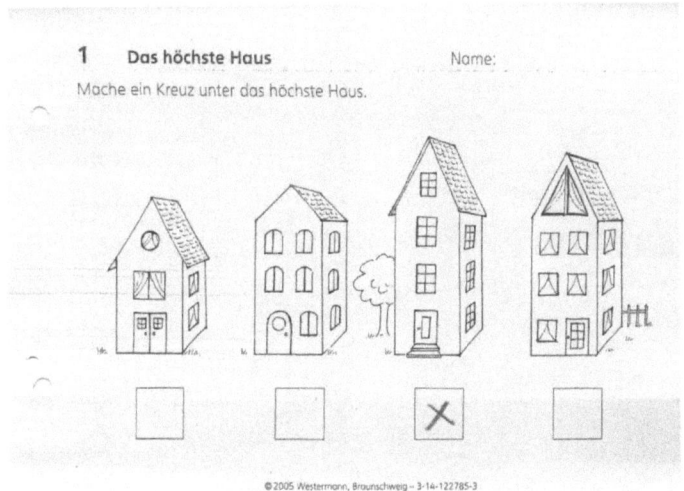

86

2   Der dickste Stift

Male den dicksten Stift an.

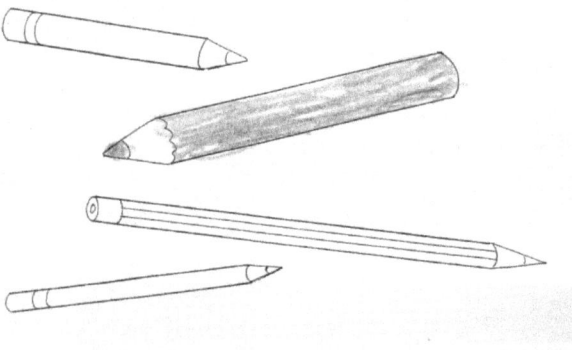

3   Dreiecke

Male die Dreiecke an.

87

4 Paare

Welche Figur ist genau gleich mit der linken Figur? Kreuze sie an.

5 Muster

Zeichne das Muster ab.

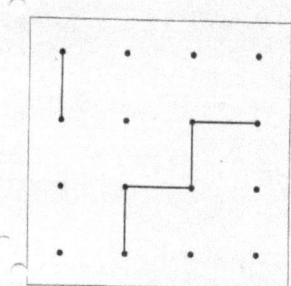 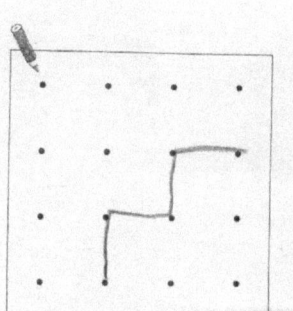

6   Anzahl der Würfel

Wie viele Würfel sind es? Kreise die richtigen Zahlen ein.

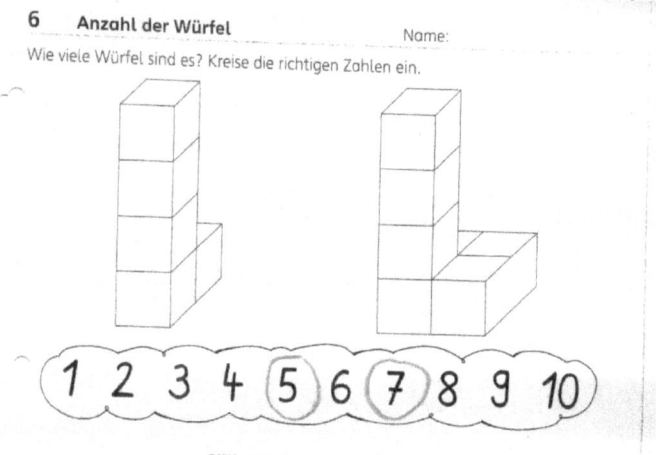

1 2 3 4 ⑤ 6 ⑦ 8 9 10

7   Reihenfolge fortsetzen

Male die Muster weiter.

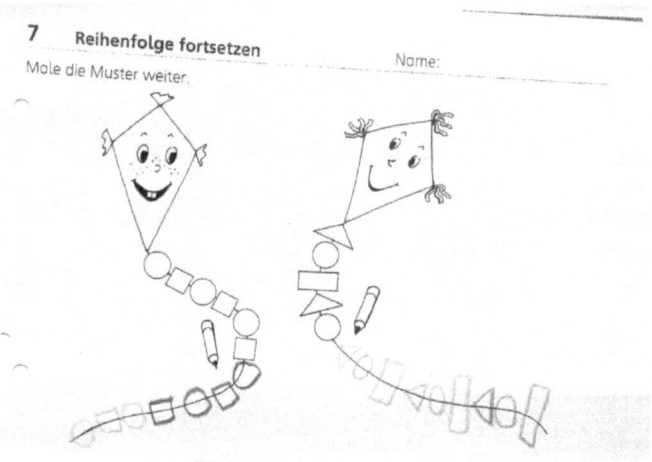

8 **Muster fortsetzen**

Male die Muster weiter.

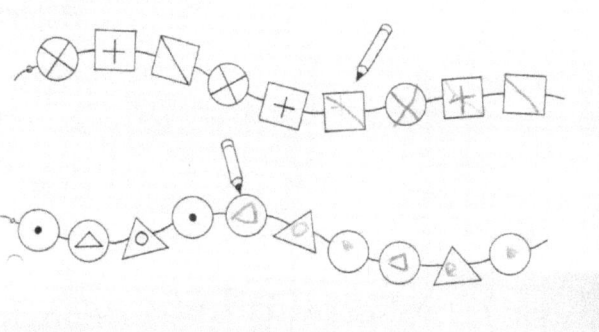

9 **Eins-zu-Eins-Zuordnung**

Gleich viele? Verbinde.

90

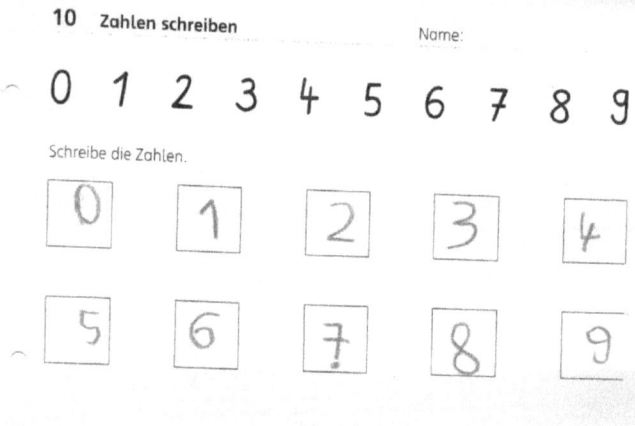

0 1 2 3 4 5 6 7 8 9

Schreibe die Zahlen.

| 0 | 1 | 2 | 3 | 4 |
| 5 | 6 | 7 | 8 | 9 |

11 Menge-Zahl-Zuordnung bis 5

Name:

Verbinde Menge und Zahl.

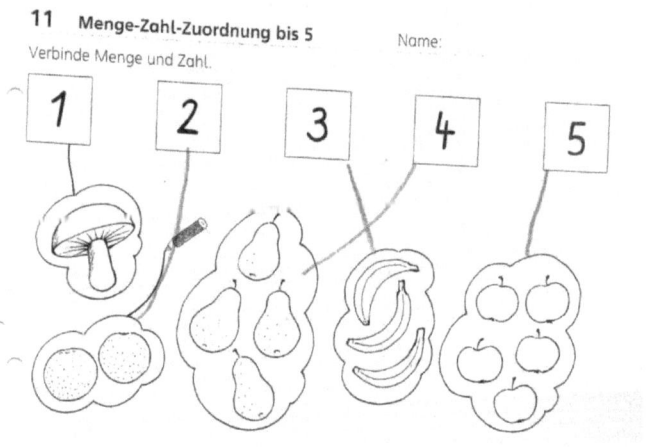

| 1 | 2 | 3 | 4 | 5 |

Verbinde Menge und Zahl.

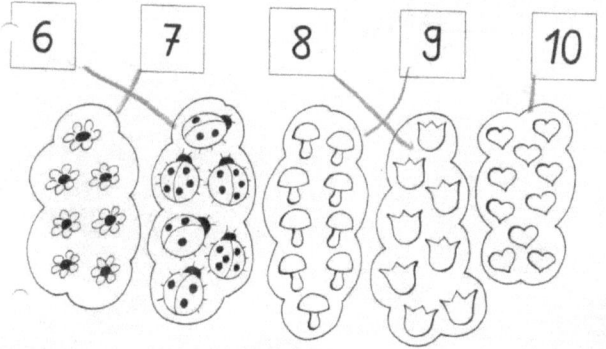

BEI GRIN MACHT SICH IHR WISSEN BEZAHLT

- Wir veröffentlichen Ihre Hausarbeit,
  Bachelor- und Masterarbeit

- Ihr eigenes eBook und Buch -
  weltweit in allen wichtigen Shops

- Verdienen Sie an jedem Verkauf

Jetzt bei www.GRIN.com hochladen
und kostenlos publizieren